内蒙古草原火行为及其模拟研究

玉 山 等 著

U0271984

中国农业科学技术出版社

图书在版编目（CIP）数据

内蒙古草原火行为及其模拟研究／玉山等著. --北京：中国农业科学技术出版社，2021.6

ISBN 978-7-5116-5371-0

Ⅰ.①内… Ⅱ.①玉… Ⅲ.①草原-火灾-研究-内蒙古 Ⅳ.①S812.6

中国版本图书馆 CIP 数据核字（2021）第 123316 号

责任编辑	闫庆健　陶　莲
责任校对	李向荣
责任印制	姜义伟　王思文

出 版 者	中国农业科学技术出版社
	北京市中关村南大街 12 号　邮编：100081
电　　话	（010）82106625（编辑室）　　（010）82109702（发行部）
	（010）82109709（读者服务部）
传　　真	（010）82106625
网　　址	http://www.castp.cn
经 销 者	各地新华书店
印 刷 者	北京建宏印刷有限公司
开　　本	140 mm×203 mm　1/32
印　　张	5.75
字　　数	160 千字
版　　次	2021 年 6 月第 1 版　2021 年 6 月第 1 次印刷
定　　价	48.00 元

《内蒙古草原火行为及其模拟研究》
著者名单

主　著　玉　山

副主著　刘桂香　都瓦拉

参著人员　迟文峰　斯　琴　福　升　路艳峰

红　英　王利明　弥宏卓　娜日苏

代海燕　洪志敏　包龙山　春　梅

王金峰　玉　花　白文明　包乌日汉

资助项目

1. 内蒙古"科技兴蒙"行动重点专项"阿尔山森林草原防火监测预警系统研发与集成示范"

2. 内蒙古科技创新引导项目"森林草原火灾监测预警与应急管理系统"

3. 国家自然科学基金项目"中蒙边境高火险区的森林草原火时空演变机制及蔓延趋势预测模型研究"（41761101）

4. 中央引导地方科技发展资金"阿尔山生态保护与资源综合利用技术集成示范"

5. 内蒙古自治区自然科学基金项目"牧户尺度草原旱灾损失快速评估方法研究——以东乌珠穆沁旗为例"（2017MS0409）

6. 内蒙古师范大学引进高层次人才项目"中蒙克鲁伦河流域水—草资源协同演变过程研究"（2020YJRC050）

7. "中国农业科学院科技创新工程（CAAS-ASTIP-2020-IGR-04）"

前　　言

　　内蒙古是我国草地资源最丰富的地区，也是草原火易发、多发地区，年均草原火面积居全国之首。草原火是草原生态系统中不可避免的干扰因子，如果草原火失去控制形成灾害就会造成严重的损失。草原火的燃烧和蔓延机理直接关系到草原火预测预警、草原火生态环境影响评价以及管理等政策的制定与实施。

　　《内蒙古草原火行为及其模拟研究》有以下几个特点和发现。①以野外调查为基础，获取了内蒙古草原火多发的草甸草原和典型草原地区的 70 种主要草原可燃物。应用锥形量热仪进行燃烧实验，获取可燃物的 10 个燃烧参数。通过统计方法中的聚类分析和主成分分析等方法对草地类型进行了可燃物燃烧难易程度低、中、高定级，为模型模拟提供参数支撑。②结合遥感与地面监测数据，对内蒙古草原火以及可燃物量时空动态进行分析，结果显示内蒙古草原火的年动态呈现波动下降趋势。内蒙古草原火主要集中在春季，秋季的 9 月和 10 月也为草原火多发期。空间分布上，内蒙古草原火主要分布在呼伦贝尔、锡林郭勒两大草原以及阿尔山西部的草原地区。③通过大量野外调查与采样，结合室内控制燃烧实验，测定并计算了内蒙古草原火碳排放计量参数和单位质量可燃物的碳释放量，分析了内蒙古草原火碳排放的时空分布格局及变化规律。碳排放量有稍稍下降的趋势。空间上，碳排放呈现出内蒙古东中部为高碳排放区，向西部递减为低排放区，整体呈由东向西递减的趋势，边境地区排放量尤为集中。④基于王正非原始模型，利用野外调查与室内实验相结合的手段，辅以遥感技术将王正非火速模型进行了修正，重要针对可燃物配置格局系数和风速更正两项指标进行了优化和修正，使部分模型参数本地化。根据改进的王正非火速模型模拟值与卫星遥感监测结果对比进行分析，发现改进参数模型模拟结果精度具有一定可靠性。⑤基于改进后的王正非草原火蔓延模型，在模型中引入元胞自动机（Cellular Automaton，CA），利用地理信息系统技术构建草原火蔓延 CA-王正非模型，实现了草原火场的动态模拟。此外，基于模型模拟的 4 个时段的过火面积和监测的实际燃烧的过火面积的重叠部分占监测的实际燃烧面积的 87.49%，CA与 GIS 结合的模型具有一定的应用价值。

本书可为相关行业科研、教学与生产单位的广大读者提供参考。由于作者水平有限，不足之处恳请读者、同行及专家批评指正！

作　者

2021 年 5 月

目 录

第一章 绪论 …………………………………………………………… 1

第一节 研究背景 …………………………………………………… 1

第二节 国内外研究进展 …………………………………………… 3

一、可燃物燃烧特性研究 ……………………………………… 3

二、基于遥感的草原可燃物载量估算 ……………………… 6

三、草原火碳排放研究 ………………………………………… 7

四、草原火行为研究 …………………………………………… 10

第三节 研究意义和目的 …………………………………………… 14

一、研究意义 …………………………………………………… 14

二、研究目的 …………………………………………………… 15

第四节 研究内容 …………………………………………………… 16

一、可燃物燃烧特性分析 ……………………………………… 16

二、内蒙古草原地上可燃物载量时空规律分析 …………… 16

三、内蒙古草原火碳排放估算及时空规律分析 …………… 17

四、草原火行为分析 …………………………………………… 17

五、基于 CA 的草原火蔓延模拟研究 ……………………… 17

第五节 研究方法、技术路线和创新点 ………………………… 18

一、研究方法 …………………………………………………… 18

二、技术路线 …………………………………………………… 21

三、创新点 ……………………………………………………… 21

第二章　研究区概况与数据处理 ……………………… 24

　第一节　研究区概况 …………………………………… 24

　　一、地理位置 ……………………………………………… 24

　　二、地形地貌 ……………………………………………… 24

　　三、土壤 …………………………………………………… 25

　　四、水资源 ………………………………………………… 25

　　五、草地类型 ……………………………………………… 25

　　六、植物资源 ……………………………………………… 26

　　七、光能 …………………………………………………… 26

　　八、降水 …………………………………………………… 27

　　九、风能 …………………………………………………… 28

　第二节　数据来源与简介 ……………………………… 28

　　一、土地覆被数据 ………………………………………… 28

　　二、归一化植被指数数据 ………………………………… 29

　　三、草原火点数据 ………………………………………… 29

　　四、Himawari-8 卫星数据 ……………………………… 30

　　五、历史统计资料 ………………………………………… 31

　　六、野外样点采集 ………………………………………… 31

第三章　草原可燃物燃烧特性分析 …………………… 33

　第一节　实验 …………………………………………… 33

　　一、可燃物野外调查 ……………………………………… 33

　　二、燃烧实验 ……………………………………………… 36

　第二节　草原可燃物燃烧特性综合分析 ……………… 41

　　一、主成分提取 …………………………………………… 41

　　二、建立因子得分模型 …………………………………… 44

　　三、草原可燃物燃烧性排序 ……………………………… 45

第三节　本章小结 ……………………………………… 61

第四章　可燃物量和草原火的时空特征 ……………… 63

第一节　内蒙古草原可燃物量时空分布特征 …………… 63

一、草原可燃物量估算 …………………………………… 63

二、内蒙古草原可燃物量年际变化 ……………………… 65

三、内蒙古草原可燃物量空间分布 ……………………… 66

第二节　内蒙古草原火时空分布特征 …………………… 67

一、内蒙古草原火年际变化 ……………………………… 67

二、空间分布规律 ………………………………………… 69

第三节　本章小结 ………………………………………… 70

第五章　内蒙古草原火碳排放估算 …………………… 73

第一节　实验 ……………………………………………… 75

一、野外实验 ……………………………………………… 75

二、室内实验 ……………………………………………… 76

第二节　碳排放估算 ……………………………………… 77

第三节　结果与分析 ……………………………………… 78

一、内蒙古草原不同植物单位重量碳排放量 …………… 78

二、草原火碳排放时间变化 ……………………………… 80

三、草原火碳排放空间分布特征 ………………………… 81

第四节　本章小结 ………………………………………… 82

第六章　草原火行为模型与分析 ……………………… 84

第一节　火行为影响因子 ………………………………… 84

一、可燃物因子 …………………………………………… 85

二、气象因子 ……………………………………………… 85

三、地形因子 ……………………………………………… 91

第二节 王正非火蔓延模型及其改进 ……………… 91

一、王正非模型 ……………… 92

二、模型的适宜性分析 ……………… 97

三、模型的改进 ……………… 99

四、模型精度检验 ……………… 105

第三节 草原火行为参数计算 ……………… 109

一、火蔓延速度计算 ……………… 109

二、火强度计算 ……………… 113

三、火焰长度计算 ……………… 114

第四节 不同易燃性等级下草原火行为分析 ……………… 115

一、火蔓延速度分析 ……………… 116

二、火线强度分析 ……………… 116

三、火焰长度分析 ……………… 116

第五节 本章小结 ……………… 118

第七章 基于 CA 和 GIS 的草原火蔓延模拟研究 ……………… 120

第一节 草原火蔓延 CA 模拟模型构建 ……………… 122

一、元胞空间 ……………… 122

二、元胞邻域定义 ……………… 123

三、元胞状态 ……………… 124

四、状态转换规则 ……………… 124

五、着火点的定位 ……………… 125

第二节 草原火蔓延 CA 模拟模型程序实现 ……………… 126

一、Python 语言及 Arcpy 站点包简介 ……………… 127

二、系统流程设计 ……………… 127

三、程序实现 ……………… 129

第三节　草原火蔓延 CA 模型验证 ……………………… 132

一、可燃物类型对草原火蔓延的影响 ……………… 132

二、风对火蔓延的影响 ……………………………… 132

三、地形对火扩散的影响 …………………………… 134

四、结果分析 ………………………………………… 135

第四节　模拟与验证 ……………………………………… 136

一、模拟 ……………………………………………… 136

二、模拟结果验证 …………………………………… 139

第五节　本章小结 ………………………………………… 143

第八章　结论与展望 ………………………………………… 145

第一节　结论与讨论 ……………………………………… 145

一、结论 ……………………………………………… 145

二、讨论 ……………………………………………… 148

第二节　特色与展望 ……………………………………… 149

一、特色 ……………………………………………… 149

二、展望 ……………………………………………… 150

参考文献 …………………………………………………… 152

第一章 绪 论

第一节 研究背景

草原是具有一定面积、以草本植物或半灌木为主体组成的植被及其生长地的总体，是畜牧业的生产资料，并具有多种功能的自然资源和人类生产的重要环境[1]。草原具有重要的生产功能，是人类最重要的畜产品生产基地，还是发展食品、纺织、制革、制药、化工等多种经济的原料供给库[2]；草原还具有生态服务功能，向人类提供包括生物多样性的产生和维持、干扰调节、污染物降解、水源涵养、土壤保护、空气净化、环境美化等多种类型的生态服务[3]。草原是一个巨大的碳储库、蓄水库和能量库，草原在全球气候和碳平衡中起重要作用，在一定意义上人类生存环境的好坏取决于草原生态系统的健康[4]。我国草原地区草地类型多样，气候温凉，自然景观秀丽，加上民族风情与历史悠久可为人们提供观光旅游、科考探险和度假休闲等场所。

据联合国粮农组织统计世界草地面积约 $68.3 \times 10^6 km^2$，占地球总土地面积的 51.88%。我国是仅次于澳大利亚的草原大国，天然草地总面积达 $39.3 \times 10^5 km^2$，占国土总面积的 41.41%，相当于我国耕地面积的 3.2 倍和林地面积的 2.5 倍[5]。我国的草原主要分布在北方的干旱与半干旱地区，具有明显的温带大陆性气候，枯草期干旱少雨导致可燃物容易点燃形成草原火[6]。

草原火是草原生态系统中不可避免的干扰因子[7]。人们可以利用草原火清除枯草、控制灌木、杀死寄生虫卵和病菌等。但是，草原火突发性强，不仅会造成牧区人民生命财产损失，还会对草原生态环境、牧区社会经济的稳定和发展造成重大影响。草原地区幅员辽阔、人烟稀少、交通不便，草原火管理难度较大。由于河流湖泊等障碍物较少，风大、风向多变，一旦发生草原火，火借风势迅速蔓延[6]。1991—2006年全国共发生草原火6 822起，其中，特大草原火81起，重大草原火337起，受害草原面积6.2×10^{6}km^2，死伤224人，烧死家畜39 277头（只）[8]。草原火不仅会造成人畜伤亡，还会烧毁房屋、棚舍以及草原植被等。此外，每年政府还会投入大量的人力物力在草原火的预防和应急扑救上。火烧对草原地温、植物多样性、土壤呼吸和植物群落产生一定影响，草原火还会造成地表植被减少，甚至让地表完全裸露，由此，增强了土壤侵蚀，造成生态退化，引起鼠虫害的变多等等[9]。草原植物的大量燃烧会排放大量的温室气体，使大气气溶胶浓度增大，这会导致空气污染，还会导致全球气候的变化[10]。目前全球每年自然火的直接碳排放量约2×10^{12}kg，大面积、高频率的火碳排放直接影响了全球碳循环和碳平衡，目前针对草原火碳排放估算的研究较少[11]。另外，我国北方草原地区多与林区相连，因此，草原火控制不当，极易引起森林火，使火灾损失进一步增大。近年来由于气候变暖，全球森林草原火次数和损失都呈上升趋势。另外，随着退耕还草等草原生态环境保护工程的实施，项目区草原植被得到有效恢复。一些曾经退化严重的区域，可燃物量增加后形成了新的易火区[6]。因此有必要进一步了解草原火模拟研究，了解草原火干扰因子对火灾的影响，认识草原可燃物的燃烧特性、可燃物时空分布、火发生后的碳排放及对草原火蔓延的模拟，在此基础上科学合理地实施火管理。

第二节 国内外研究进展

一、可燃物燃烧特性研究

可燃物是火发生的物质基础，是火行为的主要影响因素。可燃物的燃烧性是可燃物在遇热、燃烧时所发生的物理化学性质的反映。它是可燃物燃烧的难易程度、着火后的燃烧状态及火势传播速度。通常情况下，可燃物的燃烧研究主要有点燃性（Ignitibility）、剧烈性（Combustibility）、持续性（Sustainability）和消耗性（Consumability）等[12]。草原可燃物燃烧特性主要包括燃点、释热速率、失重速率、产生烟气、毒性等特征。可燃物从点燃后开始蔓延直至熄灭的整个过程中的物理化学特性分析是对草原火行为模拟与预测的基础。

国内外关于可燃物燃烧特性的研究主要集中在森林可燃物燃烧特性的研究，关于草原可燃物的燃烧特性研究还非常少见。草原可燃物的燃烧特性是草原可燃物理、化学性质的反映，对可燃物在火发生时的点燃时间、火蔓延速度、火强度和火焰长度等火行为指标产生影响[13]。在野外进行点烧实验研究草原可燃物的燃烧特性具有一定的风险，而且费时费力，因此，在实验室进行室内的燃烧实验是目前草原可燃物燃烧特性研究的主要方法。研究结果对草原火预测预警、应急管理工作以及草原火生态研究都具有重要意义。加强对草原可燃物燃烧特性的研究可以为草原火行为研究以及草原火的预报预警以及应急指挥等提供技术支撑。

可燃物室内燃烧特性的测定方法有氧指数法、垂直燃烧法、水平燃烧法和锥形量热仪法等。通过相关国内外文献梳理与分析，可燃物燃烧特性的研究主要是采用燃烧和热分析技术对可燃物点燃时间、热量释放量、产烟量、质量损失速率等性质以及可燃物化学组成、热分解过程等进行研究。Babrauskas 等[14] 在 1982 年设计开发了锥形量热仪。锥形量热仪是能很好地表征可燃物燃烧性的仪器，用该仪器能够较好地评价可燃物的燃烧特性。因此，锥形量热仪促进了可燃物在实验室内进行近似真实环境下的燃烧特征研究的进展。因而，只要能精确地测定出材料在燃烧过程中所消耗的氧的质量，通过计算就可得出材料燃烧过程中的热释放速率[15]。与其他方法相比锥形量热仪法能够获取可燃物的点燃时间（s）、燃烧时间（s）、热释放率（kW/m^2）、产烟率（m^2/s）、总热释放（MJ/m^2）、总产烟量（m^2）、火焰增长指数［$W/(m^2 \cdot s)$］、烟气增长指数 A（m^2/s^2）、CO 含量（%）、CO_2 含量（%）、样品重量（g）等较多信息。而且，锥形量热仪的设计有坚实的科学基础，应用简便，实验的结果与真实草原火的结果相关性更高，实验具有较好的重复性。

国外学者利用锥形量热仪做了许多相关工作。如 Encinas 等用锥形量热仪研究了不同辐射功率下不同植物的燃烧特征，并认为利用锥形量热仪结果中的最大热释放速率和有效燃烧热可对植物的燃烧性进行评价[16]。用锥形量热仪对地中海的植物的点燃时间进行测定，利用统计方法对可燃物的燃烧性进行综合评价。David 利用锥形量热仪对装饰用植物的燃烧性随季节的变化进行了研究，并根据热释放速率与有效燃烧热进行了燃烧性评价。

国内研究者也利用锥形量热仪做了大量的森林可燃物燃烧特性的相关研究，如彭徐剑等用锥形量热仪对黑龙江省 4 种常见针叶树的树皮和枯落叶进行燃烧实验，结合各树种（树皮、枯落叶）的含水率对 4 个树种的抗火性进行评价[17]。刘波等利用锥形量热仪测定了木荷叶片在不同辐射强度和不同叶处理方式的火发生指数，并探讨了木荷燃烧性能测试方法[15]。田晓瑞等利用锥形量热仪对 8 个树种的燃烧性进行了测定，比较了它们的抗火能力，并分析了常用防火树种木荷鲜叶和落叶燃烧的热量、CO_2

和 CO 释放过程[18]。周国模利用锥形量热仪对木荷、马尾松和杉木 3 个树种的叶子和小枝枯落物在不同含水率条件下的燃烧性进行测定[19]。沈垭琢等对吉林省 23 种主要森林可燃物进行了调查、取样,分别考察其点燃含水率和失水特性,并对可燃物的燃烧难易程度进行归类[20]。单延龙和刘宝东利用锥形量热仪进行实验后对树叶的性状进行统计分析得出反映树叶抗火性的顺序和类别[21]。对于防火树种的选择有参考作用。从抗火性的结论中,可以看出因子分析和聚类分析适合抗火性的排序与分类分析。江津凡等为了筛选苏北丘陵区防火林带树种,以盱眙防火林带的建设为例,通过锥形量热仪对防火林带 8 种常见树种枝叶的 16 种指标进行了测定,并应用因子分析方法进行统计分析,得出了 8 种树种的抗火性差异[22]。胡海清和鞠琳利用锥形量热仪对黑龙江省 8 个常见阔叶树种的燃烧性能进行系统的测定,通过对树皮和枯落叶的试样在燃烧时热释放和烟释放等燃烧参数的对比分析评价 8 个树种的抗火性[23]。彭东琴等利用锥形量热仪对 6 种浙江省常见经济树种鲜叶片的着火感应时间、热释放速率、热释放速率峰值、热释放总量、烟释放总量、CO 释放量和 CO_2 释放量 7 个燃烧性指标进行测定[24]。沈露等利用锥形量热仪对浙江省 4 种常见常绿阔叶树种的枯落物进行燃烧性实验为浙江省防火树种筛选以及防火林带的建设提供参考[25]。许民等采用锥形量热仪实验法对落叶松木材进行阻燃处理和系统的阻燃性研究,结果表明 FRW 阻燃处理显著地提高了落叶松木材的阻燃性和抑烟性[26],不同研究结果之间的差异在很大程度上是由指标选择不同所致,因此亟须建立一个指标全面的综合评价体系。

近年来在可燃物燃烧特性研究方面取得了许多重要进展,但是其研究成果都集中在森林可燃物燃烧特性研究领域。关于草原可燃物的燃烧特性研究比较少见,仅见周道玮和郭平以松嫩草原为研究区,对草地可燃物的燃烧性进行了研究,了解了不同的草地可燃物的表面积、体系比、燃烧值、燃点、可燃物含水率、可燃物量、可燃物床体积密度等理化特性与其燃烧特性的关系[27]。周道玮等选择松嫩草原10种主要的草地可燃物利用锥形量热仪进行可燃物燃烧实验，获取了10种草地可燃物的点燃时间、有效燃烧热、质量损失速率、热释放速率、烟气生成速率、烟气释放速率以及释放气体的毒性等燃烧参数[28]。进行燃点、释热速率、失重速率、产生烟气、毒性等特征有差异的不同类型草地可燃物燃烧特性指数研究，通过层次分析法获得10种草地可燃物的综合性燃烧指数，依次为：虎尾草>碱茅>扁蓿豆>拂子茅>牛鞭草>羊草>芦苇>五脉山黎豆>角碱蓬>兴安胡枝子。

目前为止，还没有对内蒙古草原主要高火险区的草原可燃物的燃烧特性开展研究，更没有对可燃物的燃烧特征进行分析。因此，本研究首次对内蒙古草原主要高火险区的草原可燃物的燃烧特性进行研究，是为草原火行为以及草原火预测预警研究打好基础，再与草地类型空间分布格局来进行草地易燃性等级划分的研究。

二、基于遥感的草原可燃物载量估算

生物量（Biomass）是指某一时刻单位面积内实际存有的有机物质（包括生物体内所存食物的重量）总量[29]，单位通常用 g/m^2 或 t/hm^2 表示。目前在衡量草地的生长状况和生态服务能力时，运用最多的参数是草地的地上生物量。测算草地地上生物量的主要方法有以下3种：一是利用样方实测数据建立数据库[30]；二是利用实测或文献中的单位面积生物量数据，与对应草地面积相乘估算[31]；三是利用遥感影像计算植被指数，与对应样地的地上生物量建立回归模型[32]。

利用遥感影像的植被指数数据（如NDVI），结合地面样点的调查数据和遥感图像处理系统，构建地上生物量的统计模型[33,34]，在 20 世纪 80 年代，国外许多学者就已经开始将遥感数据用于植被生物量估算与动态监测的研究中，利用 NOAA/AVHRR 遥感数据计算了草地的植被指数 NDVI[35]、高分辨率遥感数据以及水文数据，对点观测的生物量数据进行尺度扩展，并与 MODIS 数据反演的生物量数据进行对比[36]、利用遥感数据结合地形数据、土地覆盖数据、气象数据及其他辅助数据，采用决策树方法得到了第一幅基于 MODIS 与 TM 数据的全美国生物量分布图[37]。在此之后，基于植被指数的草地地上生物量遥感监测的研究一直没有间断，对加拿大萨斯喀彻温省南部自然保护区的天然草地生物量进行估算[38]、对大黄石生态系统的草地 AGB进行反演[39]。

我国在 20 世纪 60 年代就有前辈通过建立观测点对草原生产力进行了实地观测和调查[40]。自 20 世纪 80 年代生物量遥感估算的研究引进我国以来，相关学者对其进行了大量的研究，开启了利用空间技术与地面观测相结合的方法进行地上生物量的研究先河。先后进行了青海湖环湖地区的草地生物量估算[41]、三江源区高寒草地 AGB 反演模型研究[42]、藏北的草地生物量遥感估算模型研究[43]、甘肃省草原产草量动态监测模型研究[44]、甘南草地 AGB 遥感监测模型研究[45]、不同植被指数与外部因子变量模型建立[46]、利用 6 种等效 MODIS 植被指数研究小麦生物量等一系列科学研究[47]。

三、草原火碳排放研究

草原火不但会改变生态系统的结构、功能、格局与过程，还会影响整个系统的碳循环过程与分布[48]。早在 20 世纪 50—60 年代，人们已开始对木材、草类以及农作物等燃烧排放产物进行研究，旨在探索燃烧产物对大气环境污染的影响。最初利用单腔体焚烧炉研究了洛杉矶地区家庭焚烧炉燃烧释放产物对环境的影响[49]。19 世纪 70 年代，随着化石能源的广泛应用，CO_2 浓度的显著提升，研究人员对全球 CO_2 升高问题进行了分析，开辟了"碳元素地球化学循环""CO_2 浓度升高对气候变化的影响"以及"气候变化对人类及其环境等的影响"等研究方向[50]。20 世纪 80 年代 Seiler 和 Crutzen 提出了被广泛使用的生物质燃烧碳排放估算模型，并对全球生物质燃烧的碳排放情况进行了估算，发现北方针叶林、赤道雨林和热带稀树大草原发生的火是全球火碳排放的主要来源[51]。

目前，全球每年来自自然火的直接碳排放量约为 2.0×10^{12}kg，已是化石燃料燃烧和砼制品导致的碳排放量的 20% ~ 40%，来自火的碳排放直接影响了全球碳循环和碳平衡[52]。1998 年的厄尔尼诺事件引发的热带火被证明与大气 CO_2 浓度明显增加密切相关[53]。针对这些问题有学者计算出了碳排放量和排放比[53]。《联合国气候变化框架公约》《京都议定书》《巴黎协定》的签订使得政府决策层、科研工作者及社会公众越来越关注全球气候变化问题。随着温室效应认识的加深，CO_2 作为最主要的温室气体，其森林草原火碳排放量逐渐引起人们的注意。但对草原火碳排放的研究屈指可数，Xu 和 Van 在 2005 年 4 月至 2006 年 10 月在中国北方半干旱草原进行田间实验，研究火的潜在相互作用对土壤呼吸的影响[54]。这项研究将有助于中国北方半干旱草原生态系统碳循环的模拟和预测。裴志勇等采用箱式法通过对青海省五道梁地区高寒草原生态系统表层土壤含碳温室气体进行研究[55]。研究区域的土壤 CO_2 排放通量低于同季节海北站高寒草甸生态系统土壤 CO_2 的排放通量[56]，如此相对较低的 CO_2 排放量可能是低可燃物载量、低降水量和低温等环境因子共同作用的结果[57]。近年来，含碳温室气体（CO_2 和 CH_4）浓度的迅速增加成为引发全球气候变暖的主导因子[58]，它们的温室作用占总温室效应的 70% 以上[59]，所以这两种气体的倍增可能导致全球性的气候变化[55]，造成草原火频发、火强度加剧，过火面积扩大，碳排放增加，并对整个地球生态系统及人类的生存环境产生深刻的影响。草原火、农业废弃物焚烧和泥炭地火已被确认作为温室气体的重要来源[60]。CO_2浓度的显著升高以及可能带来的严重影响使 CO_2 等温室气体的排放成为可燃物燃烧气体排放领域研究的焦点。草原火是生态系统中特殊而重要的生态因子，也是导致碳储量和碳排放动态变化的重要干扰因子。为此，加强气候变暖背景下草原火干扰对草原生态系统碳循环和碳排放的影响研究，对正确评价火干扰在全球碳循环和碳平衡中的地位，加深火干扰对碳循环影响的认识，提高草原生态系统可持续管理的水平，以更有效的方式干预生态系统的碳平衡具有重要意义[61]。

草地生态系统在全球分布最为广泛，约占陆地表面积的1/5[62]。内蒙古草原是中国北方温带草原的主体，在中国草地碳库中具有重要意义[63]。中国学者已对内蒙古的碳循环做了大量研究，包括锡林河流域羊草草原生态系统碳素循环研究[64]，针茅草原群落土壤水分和碳、氮分布的小尺度空间异质性研究，内蒙古土壤有机碳、氮蓄积量的空间特征研究等[65]。

从人类干扰角度也开展了长期开垦与放牧对内蒙古典型草原地下碳截存的影响，放牧对典型草原土壤有机碳及全氮的影响等研究[66]。IPCC 等为主的国际机构制定了通过含碳的化石能源消费量和能源本身的碳含量估算国家 CO_2 排放量的方法[67]。但此方法没有将自然火的碳排放纳入碳排放量估算之内。2012 年全国 42 个城市的人均碳排放量排在前五的分别是鄂尔多斯市、乌海市、吴忠市、呼和浩特市和盘锦市，这 5 个人均碳排放量最高的城市有 3 个位于内蒙古，一个位于宁夏，一个位于辽宁，这些省份均是中国能源生产和消耗的重要省份，其人均碳排放量常年高于全国平均水平，所以我们有必要估算内蒙古草原火碳排放量[68]。据《中国气象灾害大典——内蒙古卷》，1981—2000 年内蒙古共发生森林

草原火 4 266 次，平均每年发生的火次数为 213.3 次[69]。近 15
年，随着国家对森林、草原防火的重视，防火投入逐年加大，防
火部门的大力宣传以及森林、草原地区民众防火意识的逐年加强，
火发生次数有逐年下降趋势，而由于境外火越境导致我国北方的
火发生次数有上升趋势[70]，所以我们选择 2000—2016 年作为我们
的研究时间段，探讨火次数逐年下降的情况下内蒙古草原碳排放
量。因此，准确计量内蒙古草原火直接排放的碳量，对进一步量
化草原火对区域的大气碳平衡及全球变化的贡献，以及草原火对
大气碳平衡的影响机理和定量评价火碳排放在草原生态系统碳平
衡中的作用，减少全球变化研究中碳平衡计量中的不确定性提供
参考数据等方面均有重要意义[71]。

四、草原火行为研究

草原火行为是指草原火发生至熄灭的全部过程中所表现出来
的草原火特征。通常情况下草原火行为表现为草原火蔓延速度、
火强度以及火焰长度等[72]。火源、可燃物特征、气象要素和地
形等因子共同决定了草原火蔓延速度、火强度和火焰长度等火行
为特征。草原火的燃烧机理与火蔓延规律直接关系到对火强度和
蔓延速度、草原火灾的风险分析、评价以及管理等政策的制定与
实施。要解决这些问题，就必须对草原火行为的影响因素进行深
入全面的定量研究。草原火行为研究的主要方法是进行草原火行
为模拟与预测模型研究。草原火行为预测预报方法很多，主要方
法有物理方法、经验法、数学方法、野外实验和室内测定
法等[73]。

物理模型基于能量守恒定律，结合风和地形因子后建立的
热扩散偏微分方程。在 1946 年 Byram 等提出了较为简单的森
林火行为的物理模型[74]。在 Byram 等提出的物理模型的基础上
繁衍出了许多基于更复杂机理的森林草原火行为模型，例如，

美国 FIRETEC 和 WFDS 模型、希腊的 CINAR 开发的 AIOLOSF、法国的 FIRESTAR 采用的都是物理模型[75]。但是物理模型涉及的参数较多，模型的表达方式以及参数之间的关系都较为复杂。

统计是通过利用历史草原火的着火数据发现草原火发生的时空分布规律，结合气象因子进行统计分析，建立经验模型进行草原火行为预测预报。在该方法中气象预报的准确度直接影响了草原火行为预测预报的准确度，另外，草原火还会受其他因素影响较大，例如人为因素。但是该方法的计算简单，容易实现。可燃物含水率是草原火行为的主要影响因素之一，而且可燃物含水率受气象因子的影响[76]。因此，利用可燃物含水率的变化和气象因子的关系可以预报草原火行为。该方法基于长期的实际测量且需要足够的观测数据，利用该方法进行草原火行为预报由于受测量精度的影响，其实用性较差。加拿大火险等级系统（CFFDRS）采用 Lawson 和 Stocks 在不同的具有代表性的林型进行 290 次点烧实验后收集、测量和分析实际火场和模拟实验的数据建立的火蔓延统计模型[77]。CFFDRS 将全国的可燃物划分为 5 个大类 16 个类型，在同一种天气条件下，针对每种类型确定一个初始蔓延指标 ISI[77]。该模型的优点是跟测试火参数相似情况下火行为参数预测精度较高，但是由于缺乏物理理论基础，因此，当跟测试火参数不相似时预测精度就会较低。

物理模型与统计方法相结合，在一定的草原火行为物理机理的指导下在野外或者室内进行实验后获取实验数据可建立半统计模型[78]。美国学者 Rothermel 通过野外实验和室内实验，并结合能量守恒定律在 1972 年提出了 Rothermel 模型。该模型主要模拟火头的蔓延速度，是一个较为抽象但容易推广的模型。Rothermel 模型输入参数有 11 项，输入可燃物相关参数需要实验获取，而且参数间又有嵌套关系，应用起来难度较大[79]。1982年Anderson测定了13种可燃物的相关参数[80]，随后美国的Buchanan测定了6大类40种可燃物的相关参数[81]。Rothermel模型要求可燃物均匀，地形地势以及可燃物床连续，直径小于8cm，且假定较大类型可燃物对火蔓延的影响可忽略[82]。动态环境参数不能变化太快，当可燃物床层的含水率超过35%时，模型就失效了。澳大利亚McArthur模型也是通过多次点烧实验针对澳大利亚的桉树林和草原分别建立了森林火蔓延和草地火蔓延经验模型[83]。在有坡度的情况下，McArthur模型的计算公式需要一定的修正。该模型能预报火险天气和火行为参数。McArthur适宜的地域主要是具有地中海式气候的国家和地区，对我国南方森林草原防火具有参考价值。

我国的王正非教授利用大兴安岭和四川省的数百次火烧实验数据结合物理理论分析建立了王正非模型[84]。模型中的风速更正系数最初是由经验数据统计得到的，毛贤敏经过实验研究将该系数修正。王正非模型的可燃物配置系数随地点和时间而变，但是在固定时间和地点可以认为是一个固定常数。王正非利用野外实地可燃物配置类型，形成了可燃物配置系数查算表[85]。

传统火蔓延模型属于一维的数学模型，因此，无法模拟二维和三维的火场蔓延。近些年来随着遥感和地理信息系统技术的发展逐渐发展出基于栅格模拟的元胞自动机和基于矢量模拟的惠更斯波动理论的二维和三维的草原火蔓延模拟模型。Valbano基于可燃物的抗火性质计算CA模型中的火蔓延概率[86]。王长缨等提出了自适应调节的方法建立了基于元胞自动机的林火蔓延模型[87]。沈敬伟等将毛贤敏修正的王正非模型结合CA进行林火蔓延模拟[88]。黄华国在八达岭地区基于Rothermel火模型，结合3D元胞自动机模型（Cellular Automaton，CA）模拟，开发了三维元胞自动机林火蔓延模拟系统[89]。矢量模拟模型主要采用惠更斯原理作为林火传播的算法。在森林草原火蔓延中，火点蔓延形状主要采用椭圆形[90]。McArthur 和 Alexander 分别提出了在草原和松树林下的长宽比，Anderson 研究了通过风速和坡度来确定长宽比的方法。

国内火行为研究集中在森林火行为研究，关于草原火行为研究相对较少。周道玮等通过室内外的点烧实验进行了草原火行为研究并模拟了头火、尾火、侧翼火速度与风速之间的关系，可燃物量、可燃物湿度和可燃物床特征与火蔓延速度的关系等，为我国的草地火行为研究开了先河[27,28]。

草原火行为不仅关系到可燃物特征，还与气象因子和地形等许多因子有关[6]。草原火正在燃烧时扑灭人员需要及时获知火场范围，但是由于草原火具有随机性，扑火人员很难及时准确地掌握火场情况，这对制定草原火的扑救计划带来困难。草原火行为模拟是空间现象随时间的动态演化，能够通过 GIS 和时空动态过程模型进行耦合来实现。建立一些动态模拟理论基础上的一些方法如 CA[91]、人工神经元网络模型（Artificial Neural Network, ANN)[92]、空间进化算法（Spatial Evolutionary Algorithms）、时间序列回归模型（Time Series Regression）等，被集成到 GIS 环境，用于时空过程模拟[93]。CA 是时间和空间都离散的动力系统。遵循一定的局部规则，作同步更新，从而构成系统的动态演化[89]。CA 适合在构造、进化和计算等具有较大自由度的离散环境下使用。80 年代中后期，CA 在地理学上的应用得到空前发展。例如，火山熔岩浸流模拟分析，地形侵蚀过程模拟、城市热岛效应研究、利用变化动态模拟和预测城乡土地等等[94]。CA 由于其特有的时空离散的特性，可用计算机中进行编程。CA 的局部转换规则中，当前格下一时刻状态由现时刻的邻居状态和本身的状态所决定，这被认为非常适合于森林草原火蔓延的模拟。借助 CA 时空离散动态的特性，扩展一维静态的火行为模型，将 CA 的动态火蔓延模型集成到栅格 GIS 环境中实现野火蔓延的时空过程模拟和预测[95]。王正非模型是经过对我国大兴安岭山火蔓延研究得出的山火蔓延模型，既适用于森林地区也适用于牧场草原地区（"林缘"草地区）。本研究通过分析火行为的影响因子，结合元胞自动机的空间特征，利用野外调查与室内实验相结合的手段，对王正非林火蔓延数学模型进行改进。

第三节　研究意义和目的

一、研究意义

草原是我国生态安全的重要屏障，具有生态服务功能，草原不仅在全球气候和碳循环中起重要作用，还在防治北方干旱地区水土流失和保护生物的多样性方面发挥着重要作用，草原具有生态服务功能，向人类提供包括生物多样性的产生和维持、干扰调节、污染物降解、水源涵养、土壤保护、空气净化、环境美化等多种类型的生态服务。我国是一个生态环境比较脆弱的国家，作为我国最大的生态系统之一的草原生态系统，其生态意义不可忽略。草原是一个巨大的碳储库、蓄水库和能量库，草原在全球气候和碳平衡中起重要作用，在一定意义上人类生存环境的好坏取决于草原生态系统的健康。

草原火的发生受草原可燃物的燃烧特性影响。利用锥形量热仪对草原可燃物进行燃烧控制实验可获取可燃物的燃烧特性，在对其易燃性进行等级划分，使草原火的发生与蔓延预测变得更加准确。

草原可燃物载量包括地上生物量与枯枝落叶，目前国内还没有相关的生物量的调查与估计标准，所以使用遥感技术来估计生物量是一项难度较大的研究工作，但其在理论、应用上都有非常重大的实际意义。

草原火发生会产生大量的含碳气体，不仅对草原生态系统的碳循环造成影响，而且深刻地影响着气候变化。估算草原火碳排放，可以量化分析草原火和生态系统碳循环的影响，为及时了解草原火对内蒙古草原的碳循环和碳平衡模式的影响提供理论依据[71]。本研究可对草原火碳排放估算提供借鉴，其研究成果可以应用到其他地区草原火碳排放估算，对全球气候变化以及碳循环和碳平衡具有重要意义。

灾难性的草原火发生时，如何有效地组织灭火力量，合理地堵截火势的进一步蔓延，进而使草原火所造成的人财物损失减少到最小，是草原火消防工作重要的原则之一。而草原火行为模拟研究是草原消防工作高效开展的一个很重要的前提和保障。在GIS 环境中集成火行为模型的方法有矢量和栅格两种，但矢量方法有许多局限性，因此，基于 CA 方法的草原火行为模拟研究具有一定的实践意义。

二、研究目的

本研究以控制室内环境火烧实验、遥感、地理信息系统和数学统计软件为主要技术手段。在获取 70 种内蒙古草原植物的燃烧特性后对易燃性进行等级划分；根据 2000—2016 年内蒙古调查数据和草原火统计资料，结合燃烧控制实验数据、过火面积和可燃物载量数据，修正草原火燃烧碳排放模型，基于像元尺度估算2000—2016 年内蒙古草原火碳排放量；结合易燃性等级，在改进后的王正非模型的基础上，将基于 CA 的动态火蔓延模型集成到栅格 GIS 环境（ArcGIS）中实现在不同类型草地的火行为模拟，提高草原火行为模拟的准确率，可更好地预防草原火的发生，及时预测草原火发生时草原火的行为，并为有效地扑救提供科学依据。

第四节　研究内容

本研究以内蒙古为研究区域，对内蒙古不同草地类型的可燃物进行野外调查和室内燃烧实验，分析内蒙古草原可燃物燃烧特性、揭示草原火时空特征，再利用室内实验得出的碳排放数据估算内蒙古草原火碳排放情况。最后将草原火行为模型参数本地化处理，构建适用于内蒙古草原火行为的模型，利用 Python 程序语言基于 CA 和 GIS 技术实现对草原火蔓延的模拟，最后具体从以下 5 个方面展开。

一、可燃物燃烧特性分析

本研究应用锥形量热仪对内蒙古 70 种草原可燃物进行实验室控制燃烧实验，获取草地可燃物的点燃时间、有效燃烧热、质量损失速率、热释放速率、烟气生成速率、烟气释放速率以及释放气体的毒性等燃烧参数，利用统计方法分析不同草种的燃烧特性的差异，计算不同类型草地可燃物燃烧特性指数以及研究综合燃烧特性，根据聚类分析和主成分分析将内蒙古草原 70 种可燃物的易燃性等级相对地划分为易燃性较高、中等和较低 3 个等级，为后续建立草原火行为模型参数提供参考。

二、内蒙古草原地上可燃物载量时空规律分析

可燃物载量是指草原生长季鲜草干重与枯枝落叶干重之和。本研究通过计算当年地上生物量与上一年残留枯枝落叶之和得到生长季（5—10 月）植物载量，非生长季（11 月至翌年 4 月）通过 10 月植物载量计算递减率所得，两者共同计算出内蒙古草原 2000—2016 年可燃物载量时空规律，再结合对应年份的过火面积为草原火碳排放的计算提供基础。

三、内蒙古草原火碳排放估算及时空规律分析

草原火发生会产生大量的含碳气体，这会对草原生态系统的碳循环造成影响，还深刻地影响全球气候变化。准确估算内蒙古草原火碳排放在草原生态系统碳平衡中的作用，为减少全球变化研究中碳平衡估算的不确定性提供参考数据。本研究根据 2000—2016 年内蒙古调查数据和草原火统计资料，结合燃烧控制实验数据，具体利用 MODIS 火产品 MOD14A1（Terra）和 MYD14A1（Aqua）对草原火面积进行检测，利用 MOD13A1 NDVI 数据估算地上生物量，进一步建立草原火燃烧碳排放估算模型，利用像元尺度估算 2000—2016 年间内蒙古草原火碳排放量。

四、草原火行为分析

本研究选用王正非模型对内蒙古草原火蔓延行为进行模拟。通过野外实验及草原火案例，将模型部分参数进行本地化处理，采用 Himawari-8 遥感数据监测产品开展模型模拟验证，从而得到适用于内蒙古草原火行为模拟模型。并进一步利用改进的王正非模型对草原火线强度、火焰长度和火蔓延速度等火行为指标进行模拟及分析研究。

五、基于 CA 的草原火蔓延模拟研究

CA 具有时空离散和动态的特性，本研究将一维、静态的火行为模型进行时空维扩展，利用 Python 程序语言构建结合 CA 和 GIS 的草原火蔓延模拟模型，实现程序化的 CA-王正非草原火行为模型，完成草原火蔓延预测，并采用基于 CA 的栅格方法实现在不同类型草地环境中火蔓延的时空过程模拟。在此基础上模拟预测某次内蒙古草原火实际发生的案例，来验证该系统模型的准确性。

第五节　研究方法、技术路线和创新点

一、研究方法

本研究在野外调查、室内可燃物燃烧实验和遥感数据的基础上，理论实际相结合，应用统计方法、CA 模拟结合 3S 技术的方法以及编程语言等方法进行草原火可燃物量、碳排放、火行为及其模拟研究。针对具体研究内容，确定的研究方法如下。

（一）野外调查法

在 6—8 月的生长季，在我国北方草原的重点草原防火区内蒙古的呼伦贝尔草原和锡林郭勒草原的东乌珠穆沁旗、锡林浩特市、阿巴嘎旗、苏尼特左旗、苏尼特右旗、二连浩特市、陈巴尔虎旗、新巴尔虎左旗、新巴尔虎右旗选择草地植物空间分布比较均一，可以代表较大范围草地植物的典型区域布设样地，进行野外调查，进行可燃物实验样品的采集。在相同研究区域范围内分别于 11 月到翌年 4 月对样方内枯枝落叶进行野外调查和采样，收取 1m×1m 的样方内的枯枝落叶，记录其重量并取样。在选取的样地内采用 1m×1m 样方，进行 3 次重复。草本地上可燃物进行齐地收割后装入密封袋中带回室内称量可燃物的鲜重，然后在 65℃的恒温条件下烘干 72h 后测干重。野外调查时同时记录可燃物的种类、种类组成、高度、盖度等信息。

（二）室内控制环境燃烧法

采集研究区内主要草原可燃物样品粉碎过筛，应用锥形量热仪，参照实验方案 ASTM E1354—90 标准进行燃烧。采用实验研究和统计分析方法，研究内蒙古易火区草原的草原可燃物易燃性的分级研究。基于锥形量热计的草原火燃烧参数测量方案的优点如下：与传统的小型室内燃烧实验相比，锥形量热计实验设备的优点更接近实际草原火；与野火实验相比，该锥形量热计具有重复性好、可操作性强的特点。通过不同的辐射热流强度，可以研究不同火烧条件下植物的燃烧状况。

（三）统计分析法

1. 因子分析法

本研究通过应用锥形量热仪对内蒙古中东部主要草原易火区的 70 种草原可燃物进行燃烧实验后获取不同草原可燃物燃烧特征指标。应用因子分析统计方法，通过降维将相关性较高的变量合并成一类，从众多的具有较高相关性变量中抽取少量且包含大部分信息的变量归结成少数几个公共因子[63,96]。因子分析是研究相关矩阵的内部关系，将多个变量综合为少数几个因子的一种多元统计方法。应用主成分分析法，通过降维将相关性较高的变量合并成一类，从众多的具有较高相关性变量中抽取少量且包含大部分信息的变量归结成少数几个公共因子。因子分析中的公共因子是不可直接观测但又客观存在的共同影响因素，每一个变量都可以表示成公共因子的线性函数与特殊因子之和，即：

$$X_i = a_{i1} F_1 + a_{i2} F_2 + \cdots + a_{im} F_m + \varepsilon_i, (i = 1, 2, \cdots, p)$$

$$(1-1)$$

式中，F_1, F_2, $\cdots$, F_m 为公共因子，ε_i 为特殊因子，a_{ij} 为因子载荷。

2. 聚类（clustering）

分析是将数据集里的相似度较高的数据划分为同一个组的分类方法[97]。本研究采用了 K-均值聚类（K-Means 算法）进行了聚类分析，在最小化误差函数的基础上将数据划分为预定的类数 K。基于距离将草原可燃物种类的燃烧特性相对划分成不同的等级，划分的目的是同一个类中的草原可燃物燃烧特性尽可能相互接近，而不同的草原可燃物燃烧特性尽可能远离或不同。

3. 一元线性回归分析法

回归分析方法是处理变量间相关关系的重要方法，如果预测对象与主要影响因素之间存在线性关系，将预测对象作为因变量 y，将主要影响因素作为自变量 x，那么它们之间的关系可以用一元线性回归模型表示，回归方程为：

$$y = a^x \qquad (1-2)$$

式中，a 为回归常数。

4. 相关分析法

在分析空间两个事物的关系时，需要了解两者之间的数量关系是否密切。要解释样本量为 n 的变量 (x, y) 之间关系密切程度的统计指标称作相关系数，用 R 表示，计算 R 的公式为：

$$R = \frac{\sum (x - \bar{x}) \sum (y - \bar{y})}{\sqrt{\sum (x - \bar{x})^2 \sum (y - \bar{y})^2}} \qquad (1-3)$$

式中，$\bar{x}$ 和 $\bar{y}$ 为变量 x 与 y 的平均值，相关系数 R 的值介于 $[-1, 1]$ 之间。当 $R > 0$ 时，表示两个事物正相关，当 $R < 0$ 时，则表示两个事物负相关，当 $R = 0$ 时，表示两个事物之间不存在线性相关关系。

（四）3S 技术结合 CA 模拟

通过对不同历史时期草原火烧迹地的分析，结合可燃物燃烧特性实验数据，分析火烧迹地、可燃物及其碳排放的时空分布特征。在草原火行为发生的地理空间上，GIS 的网格空间与 CA 的元胞空间非常相似，而且 CA 在本质上适用于对多个不确定因素的复杂关联的表达，因此应用 CA 可以比较方便地模拟草原火蔓延模型。本研究利用改进后的王正非草原火蔓延模型，综合考虑可燃物、地形坡度和气象条件等因素的影响，把模型引入元胞自动机中，根据元胞自动机中传递定义局部转换规则[98]，利用多源卫星遥感数据，通过采用 GIS 空间分析结合 CA 动力学模型对草原火的蔓延进行模拟研究。

二、技术路线

研究技术路线见图 1-1。本研究以"火蔓延机理分析与实验分析"为理论基础支撑，开展火蔓延影响因子分析，采用 CA 和 GIS 相结合的方式构建火蔓延模型，进而开展草原火蔓延模拟与典型区域的模拟结果一致性分析。本研究重点针对王正非模型进行改进，利用实测数据与遥感监测数据对模型参数进行本地化处理，以提高火蔓延模型模拟精度。综上所述的方法与技术支撑，开展基于像元的内蒙古草原火碳排放测算。

三、创新点

（一）草地易燃性等级划分

目前为止还没有针对内蒙古不同草原区的可燃物燃烧特性的相关研究，更没有通过结合可燃物燃烧特性和草地类型的草地易燃性等级划分研究。因此，本研究补充并完善了草原火行为研究内容。在实践应用上，为草原火蔓延以及草原火应急管理提供了一定的理论依据和基础数据。这对于我国控制草原火，以及实施可持续发展战略都具有重要的现实意义。

（二）建立内蒙古草原火碳排放估算模型

估算草原火碳排放可以量化分析草原火和生态系统碳循环的影响，对及时了解火对内蒙古草原的碳循环和碳平衡模式的影响提供理论依据。目前并没有学者研究中国草原自然火的直接碳排量。本研究使用遥感反演和地面实验相结合的方法，建立了内蒙古草原火碳排放估算模型，基于像元尺度估算了 2000—2016 年内蒙古草原火碳排放，分析了内蒙古草原火碳排放的时空分布特征。

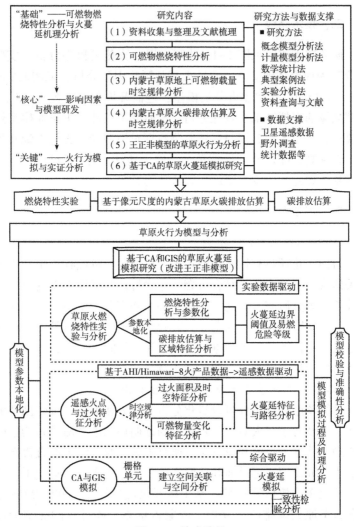

图 1-1　技术路线

（三）对王正非火蔓延模型的改进

中国的王正非野火蔓延模型是针对我国大兴安岭地区的森林草原火研究得出的。因此，比较适合我国北方地区的森林草原火蔓延模拟。但模型中的可燃物配置格局更正系数是用来表征可燃物的易燃程度的一个订正系数，在模型中将草地的这个系数假定为2。而事实上由于不同类型草地理化性质的不同，草原火在不同草地类型中的点燃和蔓延速度也会有所不同。本研究针对上述问题，将草地易燃性等级图引进到王正非模型中，对模型进行了一定程度的改进。实例研究表明，基于改进后的模型进行草原火蔓延模拟，结果更符合研究区的实际情况。

第二章 研究区概况与数据处理

第一节 研究区概况

一、地理位置

内蒙古位于 N37°53′~N53°20′，E97°10′~E126°02′[6]，绝大部分面积处于北纬 40°~50°。位于中国的北部边陲，是我国北方重要的生态防线。东西直线距离约 2 400 km，南北跨度约 1 700km，总面积约为 $1.183 \times 10^6 km^2$，约占全国 1/8 的国土面积，是全国第三大省份[99]。与八省区毗邻：西和甘肃为邻，其东部与辽宁、吉林、黑龙江三省相连，南部和河北、山西、陕西、宁夏接壤，国境线长达 4 200km[6]。拥有全国最大的草原和林区，是全国最大的畜牧业基地，也是国家生态建设与保护的重点区域。

二、地形地貌

内蒙古的地貌类型以高平原为主，平均海拔 1 000m 左右，是我国四大高原的第二大高原。横穿区内的大兴安岭、阴山和贺兰山山地，屏立于高原的外缘，构成了内蒙古地貌的脊梁和自然地理界线[100]，把全区截然分成北部的内蒙古高原、西南部的鄂尔多斯高原、中部山地以及南部的嫩江右岸平原、西辽河平原和河套平原[101]，形成了由北向南高平原、山地、平原排列具有东西向带状结构的地貌格局。

三、土壤

内蒙古在温带干旱型气候生物条件下形成了主要地带性土壤类型，由东向西分布有黑土、栗钙土、棕钙土、灰钙土、灰漠土、灰棕荒漠土[100]以及在山地发育的灰色森林土、灰棕壤、棕壤和褐土等。还有非地带隐域性的草甸土、沼泽土、盐土、沙土、砾质土等土壤类型。

四、水资源

内蒙古水资源总量为 509. 22 亿 m³。其中，地表水 371. 27 亿 m³，占总量的 72. 9%；地下水 137. 92 亿 m³，占总量的 27. 1%。单位土地面积产水量 4. 31 万 m³/km²，为全国平均值的 15%，居全国第 28 位，除宁夏外，是我国最贫水的省区。

内蒙古水资源时空分布不均，空间上东部多西部少。河川径流量年内分配不均，年际变化很大。河川径流大致可分为融雪融冰所占比例较大型，枯萎径流比重较大型和降雨径流型 3 种类型。内蒙古大多河流属降雨径流型，径流年内分配很不均匀，冬季径流很小，但一般没有继流现象，也没有明显的春汛。主要径流出现在 6—9 月降雨期内，一般汛期径流量为全年径流量的 60%~85%，洪水涨落急剧。

五、草地类型

内蒙古自东向西气候的干湿度具有明显的地带性，有与气候的湿润、半湿润、半干旱、干旱和极干旱等分布特征相对应的草原植被，由东北到西南具有明显的地带性分布特征。内蒙古草地以地带性草原植被（由东向西地带性草地植被依次为草甸、草原、典型草原、荒漠草原）分布最广[102]，面积最大，其面积为

4 500 万 hm²，占内蒙古草地面积的 57%。其次是荒漠，面积约
2 230 万 hm²，占内蒙古草地面积的 28%，非地带性植被草甸、
沼泽等面积 1 155 万 hm²，占内蒙古草地面积的 15%。内蒙古从
南向北依次分布着暖温带植被类型、中温带植被类型和寒温带植
被类型，具有明显的地带性分布[6]。

六、植物资源

全区植物资源由种子植物、蕨类植物、苔藓植物、菌类植物、
地衣植物等不同植物种类组成。目前已搜集到的种子植物和蕨类
植物共 2 351 种，分属于 133 科、720 属。其中，引进栽培的已有
184 种（均为种子植物）；野生植物有 2 167 种（种子植物 2 106
种、蕨类植物 61 种）。植物种类分布不均衡，其中山区植物最丰
富。东部的大兴安岭拥有丰富的森林植物及草甸、沼泽与水生植
物。中部的阴山山脉及西部的贺兰山不但兼有森林和草原植物，
而且还有草甸、沼泽植物，广大高平原和平原地区则以草原与荒
漠旱生型植物为主，含有少数的草甸植物与盐生植物[101]。

七、光能

内蒙古海拔较高，晴天较多，因此，太阳辐射能丰富，年总
辐射量在 4 750~6 500 MJ/m²。内蒙古年总辐射量的空间上的分
布特点为：最低值出现在呼伦贝尔市大杨树镇[100]，因纬度偏北、
地势高，≥10℃的积温不足 1 200℃，是全区热量资源最少的地
区，属寒温带气候型。呼伦贝尔市岭东地区 ≥10℃积温 1 600~
2 400℃，比同纬度以西草原多 200℃ 左右。兴安盟东南部为
2 600~3 000℃。在赤峰市和通辽市，除大兴安岭南端和七老图
山外，其余广大地区都在 3 000℃ 以上，是全区热量资源比较丰
富的地区。锡林郭勒盟从乌珠穆沁草原到二连浩特 ≥10℃ 积温
从 1 600℃ 增加到 2 800℃。大青山南侧土默川平原的 ≥10℃ 积

温在 3 000℃以上，是内蒙古的热量资源比较丰富的地区。而阴山山脉以北，从大青山北麓到中蒙边境，≥10℃积温从 1 800℃增加到 2 800℃以上。巴彦淖尔市的乌拉山和狼山的 ≥10℃积温只有 1 800℃，而河套平原的 ≥10℃积温在 3 000~3 200℃，是全区热量资源最丰富的地区之一。鄂尔多斯市大部地区的 ≥10℃积温在 2 800~3 200℃。其中，准格尔旗南部晋蒙交界处 ≥10℃积温在 3 400℃以上，热量资源特别丰富。乌海市热量资源也很丰富，≥10℃积温在 3 400℃以上。阿拉善盟除贺兰山西麓热量资源较低外，其余广大地区的≥10℃积温都在 3 000℃以上。其中，额济纳旗的 ≥10℃积温在 3 600℃以上，是全区热量资源之首。全区从东北到西南，≥10℃积温相差 2 400℃左右，从而造成了从东北到西南、从山地到平原的气候类型的多样性。

八、降水

内蒙古降水资源不足，年降水量从东到西由 450mm 降低到 50mm。内蒙古降水的主要特点是，时空分布不均，降水保证率低。年降水量最多的是呼伦贝尔市东北部地区，其值达 450~560mm。年降水量最少的是阿拉善盟西部，在 100mm 以下。内蒙古的降水主要集中在夏季，夏季降水量占年降水量的 65%~70%；冬季降水稀少，仅占年降水量的 1%~3%；秋季和春季降水量分别占年降水量的 15%~18% 和 12%~15%[103]。

内蒙古的降水量年际变化幅度大。降水量 350mm 以上的地区有呼伦贝尔市东北部、兴安盟东北部；降水量在 250~350mm 的地区有呼伦贝尔市中部、兴安盟大部、通辽市、赤峰市、锡林郭勒盟东南部、乌兰察布南部、呼和浩特市大部、鄂尔多斯市南部；降水量在 150~250mm 的地区有锡林郭勒盟中西部、乌兰察布市中部、包头市大部、鄂尔多斯市中部、阿拉善盟东南部[104]；降水量不足 150mm 的地区有锡林郭勒盟西北部、乌兰察布市北部、包头市北部、巴彦淖尔市、阿拉善盟大部。

九、风能

内蒙古年有效风速时数分布总趋势是由东向西增多。大兴安岭地区年有效风速的时数在3 000h。河套平原、土默川平原、赤峰市、通辽市中部年有效风速的时数在3 000~4 000h，是全区较低值区。其余广大地区的年有效风速的时数均在5 000h以上，大兴安岭以西、阴山山脉以北地区年有效风速时数超过6 000h，尤其在朱日和一带达到7 000h以上，为内蒙古之冠。

内蒙古年有效风能储量在阿拉善盟、巴彦淖尔市北部、乌兰察布市、锡林郭勒盟中西部，以及呼伦贝尔市岭西地区都在1 000 kW·h/(m² ·a)以上，其中巴彦淖尔市北部、乌兰察布市西北部高达1 400~1 800kW·h/(m² ·a)，为内蒙古有效风能储量最高地区。呼和浩特市西南、鄂尔多斯市东南及赤峰市西南地区为200kW·h/(m² ·a)以下，为内蒙古有效风能储量最少地区。

第二节 数据来源与简介

本研究所用到的数据主要通过数据申请、网络下载和野外样方采集方式获取。主要包括内蒙古2000—2016年MODIS火产品数据MOD14A1和MYD14A1、2000—2016年植被指数数据MOD13A1、Himawari-8影像数据、1∶10万地形图、草地类型图、植被类型图、DEM数据等在内的多种数字化数据源以及历年统计资料。

一、土地覆被数据

内蒙古草地类型图、植被类型图、土地利用/覆盖数据来源

于国家基础地理信息中心的全球 30m 地表覆盖数据集
（http：//glc30. tianditu. com）；地形与地貌等环境背景数据通过
中国科学院资源环境科学数据中心申请获取（http：//www. res-
dc. cn/）；数字高程及基础地理数据在"国家基础地理信息中
心"下载获取（http：//sms. webmap. cn）。

二、归一化植被指数数据

本研究采用的归一化植被指数（NDVI）数据来源于 NASA
网 站（https：//ladsweb. modaps. eosdis. nasa. gov/）的 MODIS
NDVI，采用 MOD13A1 数据，该产品时间分辨率为 16d，空间分
辨率为 500m×500m；对该数据进行几何纠正、辐射校正、大气
校正等预处理。利用 MODIS Reprojection Tools（MRT）进行镶
嵌、重投影、重采样等批量处理，经过裁剪得到内蒙古 NDVI 数
据集。最后利用最大值合成方法进一步减少云、大气、太阳高度
角等影响得到 NDVI 月值数据。内蒙古生长季为 5—10 月。

三、草原火点数据

本研究采用的火点数据是 2000—2016 年 MODIS 火产品
MOD14A1（Terra）和 MYD14A1（Aqua）（下载于：https：//
ladsweb. nascom. nasa. gov/data/），这两个产品数据都是 8d 合成
的 3 级产品数据，空间分辨率为 1km，时间分辨率为 1d[105]，采
用了 MODIS 的标准分幅，内蒙古地区包括了每期产品数据
的 h25v03、h25v04、h25v05、h26v03、h26v04、h26v05 等 6 景
影像。

首先，应用 MRT 对数据进行预处理。其中火掩膜数据集
MOD14A1（Terra）和 MYD14A1（Aqua）分成 10 个级别（表
2-1），提取属性值是 7、8 和 9 的像元。该数据是利用连续多日
反射率数据和角度信息，用 BRDF 模型，通过阈值判断目标像元

上光谱反射率的时间序列变化与正常状况的差异来检测火烧迹地[106]。

表 2-1　基于 MOD14A1/MYD14A1 的火点信息提取

分类	MOD14A1/MYD14A1
0~2	未经处理（输入数据错误或其他原因）
3	水域
4	云
5	为燃烧区域
6	未知
7	低置信度火
8	中置信度火
9	高置信度火

四、Himawari-8 卫星数据

Himawari-8 影像数据由国家气象卫星中心提供。作为新一代静止气象卫星，搭载的仪器是 AHI 成像仪（Advanced Himawari Imager），波段范围覆盖可见光至远红外，其中可见光 3 个通道，其最高空间分辨率为 500m，近红外和红外 13 个通道，总共 16 个通道，每 10min 完成一次全圆盘观测。卫星的上述特点在火点的快速发现和火情信息的快速获取中具有很强优势，无云条件下，可实现昼夜 24h 连续监测，可对扑火救灾工作提供快速、准确的空间信息支持，提高火遥感监测响应速度[107]。

本研究选取的波段见表 2-2，用于检测温度异常的波段主要是波段 7 和波段 14，这是用于草原火检测最重要的波段。

表2-2 用于火点监测的波段

通道号	中心波长(μm)	分辨率(km)	敏感对象
2	0.51	1	海洋水色、浮游植物、大气环境等
3	0.64	0.5	陆地、云等
4	0.86	1	海洋水色、浮游植物等
6	2.3	2	云
7	3.9	2	地表温度、云顶温度
14	11.2	2	地表温度、云顶温度

五、历史统计资料

历年统计资料包括已完成的研究报告、气象气候资料、已经发生过的火情报告及火行为报告，这些统计资料是进行草原火行为预测的基础[108]。本研究选取了2000—2016年研究区及周围119个气象台站的月值气温、降水量、平均风速、风向等要素。

六、野外样点采集

结合草原资料和草地生长情况，选择草原火的典型分布区域，在东乌珠穆沁旗、锡林浩特市、阿巴嘎旗、苏尼特左旗、苏尼特右旗、二连浩特市、陈巴尔虎旗、新巴尔虎左旗、新巴尔虎右旗选择草地植物空间分布比较均一，可以代表较大范围草地植物的典型区域布设样地，为了更有效地获得草地地上可燃物载量（包括地上生物量和枯枝落叶），根据草原火所烧植物的分布特征，选择主要植物类型，采用随机布点法，样地定位采用手持式Garmin Vista etrex GPS进行，在不同覆盖度的草地共选取174个采样点。分别于2013年、2014年和2016年生长期（5—10月）和非生长季（11月至翌年4月）3年进行野外调查和采样，在标准样地内沿另一对角线设置 1m×1m 重复样方 5 个，调查其种类、盖度和平均高度，然后全部齐地面收割、称重并取样。样方中植物主要分为羊草、针茅、薹草、隐子草和其他（各样方内植物混合汇总，共 85 种）5 个组分。在相同研究区域范围内分别于 2013 年、2014 年和 2016 年的 11 月到翌年 4 月分 18 次对样方内枯枝落叶进行野外调查和采样，收取 1m×1m 的样方内的枯枝落叶，记录其重量并取样。

第三章　草原可燃物燃烧特性分析

本研究以内蒙古草原火多发的草甸草原和典型草原地区的70种主要草原可燃物为研究对象。应用锥形量热仪进行燃烧实验，获取了70种主要草原可燃物的点燃时间、热释放速率、总热释放量、质量损失速率、有效燃烧热、比消光面积、烟生成速率、生烟总量、CO和CO_2生成速率、CO和CO_2产率等燃烧参数。通过统计方法中的聚类分析和主成分分析等方法深入研究了不同草原可燃物的燃烧特性的差异。结合GIS技术，利用草地类型图、植被类型图和70种可燃物的燃烧参数，将内蒙古中部和东部的草原重点防火区的草原可燃物按其易燃程度划分为低、中、高等3个等级，并绘制了可燃物易燃性等级图。研究结果对内蒙古草原火模型的建立提供了依据，能够提高草原火的发生与发展的预测预报精度。有利于草原火应急管理，为草原火的管理及控制提供理论依据。

第一节　实　　验

一、可燃物野外调查

在2013—2016年的6—8月的生长季，在我国北方草原的重点草原防火区内蒙古的呼伦贝尔草原和锡林郭勒草原进行野外调查，进行可燃物实验样品的采集。可燃物实验样品采集样地的草地类型包括了草甸草原、典型草原和荒漠草原。在具有代表性的地段采用随机布点法选取 174 个样地。

在选取的样地内采用 1m×1m 样方，进行 3 次重复。草本地上可燃物进行齐地收割后装入密封袋中带回室内称量可燃物的鲜重，然后在 65℃的恒温条件下烘干 72h 后测干重。野外调查时同时记录可燃物的种类、种类组成、高度、盖度等信息（图 3-1）。

图 3-1　野外调查状况

采集了草甸草原、典型草原和荒漠草原的阿尔泰狗娃花、阿氏旋花、百里香、扁蓿豆、冰草、草麻黄、草木樨、草原丝石竹、草芸香、柴胡、车前、串铃草、大籽蒿、地肤、地蔷薇、地榆、点地梅、多根葱、多叶棘豆、防风、凤毛菊、胡枝子、花旋杆、华北前明、黄蒿、黄花蒿、黄芪、黄芩、火绒草、碱草、锦鸡儿、狼毒、冷蒿、藜、蓼、鳞叶龙胆、麻花头、马蔺、年芝香、乳芭、沙葱、山连菜、薹草、唐松草、天门冬、驼绒藜、委陵菜、细叶葱、细叶远致、狭叶沙参、线叶菊、芯芭、星毛委陵菜、羊草、野韭、阴陈蒿、隐子草、鸢尾、早熟禾、燥原荠、针茅、知母、栉叶蒿、猪毛菜、贝加尔针茅、糙隐子草、大针茅、菊、克氏针茅、小针茅等 70 种可燃物。

表 3-1 为上述 70 种草原植物按不同草原亚类的植物分类，为后续燃烧特性分析及分类提供依据。

表 3-1　不同草原亚类的 70 种植物分类

草原亚类	植物分类
平原丘陵草甸草原	扁蓿豆、冰草、柴胡、地榆、胡枝子、火绒草、冷蒿、藜、蓼、薹草、线叶菊、羊草、隐子草、早熟禾、针茅、猪毛菜、糙隐子草
沙地草甸草原亚类	扁蓿豆、草麻黄、胡枝子、隐子草、针茅
山地草甸草原亚类	百里香、冰草、草芸香、车前、大籽蒿、地肤、地榆、多叶棘豆、凤毛菊、胡枝子、黄蒿、黄芪、火绒草、碱草、冷蒿、藜、蓼、麻花头、薹草、唐松草、委陵菜、线叶菊、羊草、隐子草、早熟禾、针茅
平原、丘陵温性草原亚类	阿尔泰狗娃花、阿氏旋花、百里香、扁蓿豆、冰草、草麻黄、草芸香、柴胡、大籽蒿、地肤、点地梅、多根葱、胡枝子、黄蒿、黄芪、锦鸡儿、狼毒、冷蒿、藜、麻花头、薹草、天门冬、细叶葱、羊草、野韭、隐子草、早熟禾、针茅、知母、栉叶蒿、猪毛菜
沙地温性草原亚类	百里香、扁蓿豆、冰草、草麻黄、草木樨、大籽蒿、胡枝子、黄蒿、黄花蒿、黄芪、锦鸡儿、冷蒿、藜、蓼、薹草、隐子草、针茅、猪毛菜
山地温性草原亚类	百里香、冰草、草麻黄、胡枝子、黄芪、火绒草、锦鸡儿、狼毒、冷蒿、薹草、细叶葱、羊草、隐子草、针茅
平原丘陵温性荒漠草原亚类	阿氏旋花、百里香、冰草、草木樨、多根葱、胡枝子、黄蒿、黄芪、锦鸡儿、冷蒿、藜、薹草、天门冬、羊草、隐子草、针茅、猪毛菜
沙地温性荒漠草原亚类	百里香、草麻黄、胡枝子、黄蒿、黄芪、锦鸡儿、薹草、羊草、隐子草、针茅、猪毛菜
山地温性荒漠草原亚类	阿氏旋花、冰草、冷蒿、隐子草、针茅
草原化荒漠亚类	阿氏旋花、多根葱、胡枝子、黄蒿、锦鸡儿、冷蒿、藜、蓼、驼绒藜、细叶葱、隐子草、针茅、猪毛菜
沙砾质荒漠亚类	草麻黄、多根葱、黄蒿、黄芪、锦鸡儿、藜、蓼、天门冬、驼绒藜、隐子草、针茅、猪毛菜
石质荒漠亚类	藜、驼绒藜、针茅、猪毛菜
盐土荒漠亚类	猪毛菜
低地盐化草甸亚类	地肤、多根葱、黄蒿、碱草、藜、蓼、马蔺、薹草、羊草、隐子草、针茅

（续表）

草原亚类	植物分类
低湿地草甸亚类	草木樨、车前、大籽蒿、多叶棘豆、凤毛菊、黄蒿、黄芪、碱草、藜、蓼、麻花头、薹草、委陵菜、羊草、针茅
低中山地草甸亚类	地榆、锦鸡儿、蓼、薹草、羊草、针茅
亚高山草甸亚类	火绒草、薹草、羊草、针茅

二、燃烧实验

（一）燃烧实验仪器

目前，锥形量热仪是进行可燃物燃烧实验的一个比较常用的设备。锥形量热仪由6个部分组成（图3-2）：①辐照试样用锥形加热器及其控制电路；②通风橱及其相关设备；③天平及试样支架；④氧气及尾气分析装置；⑤激光光度法烟测量系统；⑥计算机系统及辅助设备。本研究中的可燃物燃烧用了英国TFT公司生产的标准型锥形量热仪与电子天平。

（二）锥形量热仪的操作过程[109]

准备工作。锥形量热仪在进行燃烧实验之前要先预热约1h，使氧分析仪、激光发生器、气体流速等处于稳定状态方可进行实验，同时检查冷阱温度范围是否合理、干燥剂、烟灰过滤器是否需要更换。

锥形量热仪在燃烧测试前，必须进行标定工作。标定的项目有质量标定、氧分析仪标定、辐射功率标定、激光测烟标定以及测热系数"C"值标定。标定参数必须符合要求，达到仪器的精度范围，才能得到较好的标定数据，顺利地进行实验测试。

测试过程中，随时观察记录任何与实验有关的现象，如熔融发泡、收缩等行为，以及熄火等现象。测试过程中要时刻注意样品气体流速，一定要保持在标准的流速下，否则热释放速率将不准确。

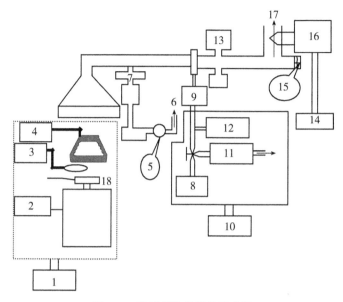

图3-2 锥形量热仪结构示意图

1：计算机；2：重量测定装置；3：点燃装置；4：控制装置；
5：气泵；6：废气口；7：烟过滤装置；8：N_2供应器；9：过滤装置；
10：计算机控制器；11：O_2分析装置；12：CO、CO_2分析装置；
13：激光器；14：计算机控制器；15：风扇；16：温度、压力监测装
置；17：废气口；18：样品盘。

实验数据处理与分析，一般设定的数据采集时间间隔为1s，
但如果需要可以改变。锥形量热仪装有自己的数据处理软件，可
以给出各种图形曲线，也可以输出表格数据。

（三）燃烧实验原理

草原是陆地上最大的生态系统，植物以光合作用的形式，将
太阳能转变成为化学能储存在植物体内。

光合作用（储存能量）：

$$6CO_2+6H_2O \xrightarrow{\text{叶绿素,阳光}} C_6H_{12}O_6+6O_2 \uparrow$$

而燃烧则是把储存的能量大量释放出来，可燃物经燃烧后分解成 CO_2 和 H_2O。

燃烧（释放能量）：

$$6C_6H_{12}O_6+6O_2 \xrightarrow{\text{燃烧}} 6CO_2 \uparrow +6H_2O \uparrow +1\,276kJ$$

上述两个方程的反应速度是截然不同的，储存能量的过程是缓慢的，而释放能量的过程则是十分迅速的。燃烧是一种很复杂的物理和化学反应过程。可燃物燃烧是在高温作用下可燃物剧烈氧化的过程，在这个氧化过程中会有能量转化和物质变化。燃烧的性质主要是由可燃物的物理性质（结构、含水量等）决定的。实质上，燃烧是有机物合成的逆反应，是有机物分解的又一途径。

可燃物的燃烧过程可以分为干燥阶段、燃烧阶段和灰化阶段3 个阶段。

第一个阶段可燃物处于收缩而干燥的点燃前状态，是预热阶段，主要是物理过程，可燃物样品受到热辐射使可燃物样品温度逐渐上升，可燃物含有的水分不断蒸发至发生剧烈的分解反应为止，这一阶段的化学成分变化较少。随着水蒸气不断蒸发消耗大量的热量，产生大量的烟，部分可燃性气体挥发。

第二个阶段为气体燃烧阶段，可燃物受热分解的速度加快，可燃物进行氧化反应，释放出大量的 CO 和 CO_2 等气体。热分解反应逸出的可燃性挥发物，与空气接触形成可燃性混合物。当挥发物的浓度达到燃烧极限时，在固体可燃物的表面可形成明亮的火焰，放出大量热量。与此同时，在固体木炭表面上发生缓慢的氧化反应，呈辉光燃烧，缓慢地放出不多的热量。在这一过程中，空气供给充分与否，将严重地影响氧化反应。该过程的机制为链式的氧化反应。

第三个阶段为碳燃烧阶段，燃烧速度变慢，有一定的氧化过程，直至燃尽成灰分。随着可燃物内部可燃性气体的不断减少，能够发出火焰的气体燃烧逐渐减缓，火焰减弱直至熄灭。此时由气体燃烧阶段转入可燃物的固体颗粒燃烧阶段，直至仅留下少量灰分为止。

气体燃烧阶段和固体燃烧阶段都是放热反应。此时，即使将外界热源拿掉，气体燃烧和固体燃烧所释放出来的热量仍然能够维持燃烧。在野外，气体燃烧和固体燃烧所释放出来的热量除了维持自身燃烧之外，还有一部分热量扩散出去，预热并引燃周围的可燃物，使草原火不断蔓延，使小火转变成大火。

（四）燃烧实验过程

将 70 种草原立枯体样品的全样（茎、叶）放于 60~70℃下烘干至恒重。用微型植物粉碎机将每种样品粉碎，过 200 目（筛孔尺寸：0.075 0mm 标准）筛子。将样品均匀平铺在 100mm×100mm 的样品盒中，厚度不小于 3mm，以 0.04mm 厚的单层铝箔的光泽面包覆经调节试样的底面和侧面，并使其超出试样的上表面至少 3mm[110]，并用石棉隔断热量从样品背面向外传递，以减少外界的影响。实验方案参照 ASTM E1354-90 标准，热辐射通量为 $25kW/m^2$，调节排气流量为 （0.024±0.002） m^3/s，达到平衡后开始实验，每种样品做 3 次重复（图 3-3）。数据处理使用该仪器自带软件和 Excel 软件，输出结果如图 3-4 所示。

从图 3-4 可以看出，热释放速率和产烟率在燃烧中期达到各自的峰值，总热释放量和总产烟量随时间的变化而递增。样品重量随时间的变化呈阶梯状递减变化。

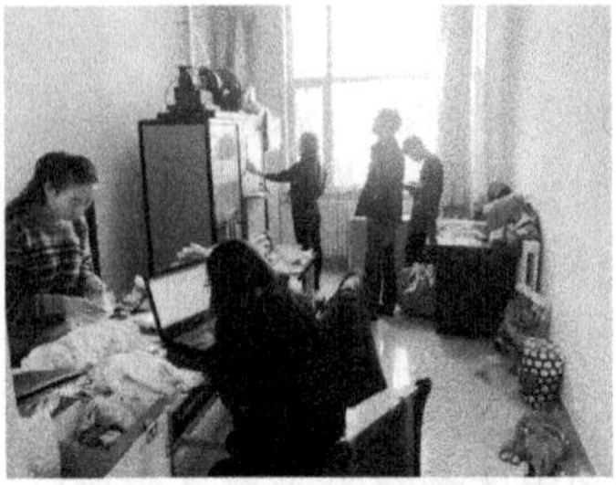

图 3-3　应用锥形量热仪进行可燃物燃烧实验

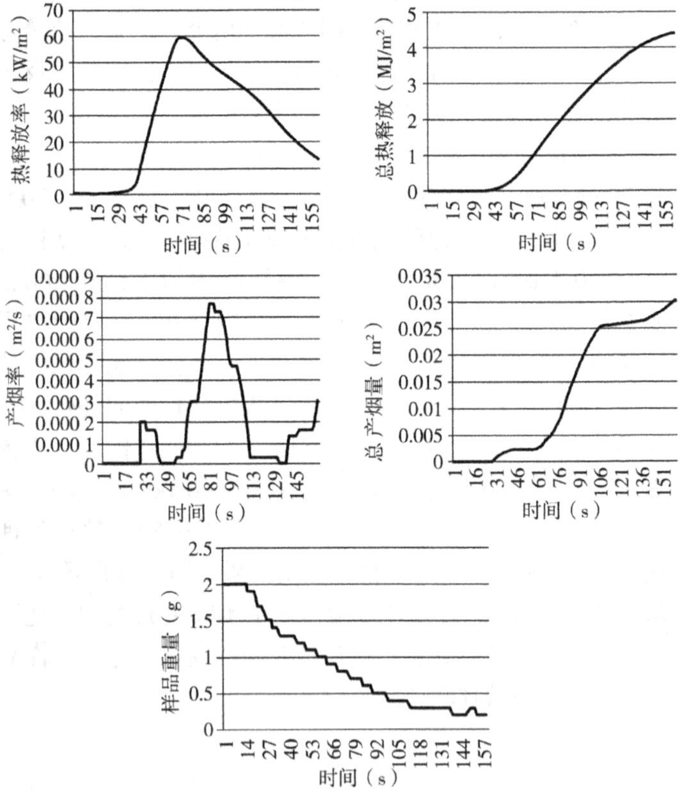

图 3-4　锥形量热仪薹草燃烧性能曲线

第二节　草原可燃物燃烧特性综合分析

一、主成分提取

通过应用锥形量热仪对内蒙古中东部主要草原易火区的70种草原可燃物进行燃烧实验后获取不同草原可燃物的点燃时间、平均热释放速率、热释放峰值、总热释放量、质量损失速率、烟生成速率、生烟总量、比消光面积、CO_2 产率、CO 和 CO_2 生成速率时间10种可燃物燃烧特征指标。由于实验数据指标变量比较多，而且各指标变量间存在相关关系。因此，需要从多个指标变量提取少数综合指标，使其包含原变量的大部信息，提取的综合变量尽量彼此不相关，因此本研究采用主成分分析法[111]对不同草本的燃烧性排序，得出了70种草原可燃物易燃性的差异。主成分分析法能把多个观测变量转换为少数几个不相关的综合指标，这些综合指标具有往往不能被直接观测到，但有时却能反映事物的特点和本质[112]。研究结果可为草原火蔓延分析奠定基础，进而可为草原火应急管理提供理论支持。本研究利用主成分分析法对70种不同可燃物的10个燃烧特性进行降维处理。首先，将70种草原可燃物的燃烧性进行测试获得的点燃时间命名为 X_1、平均热释放速率命名为 X_2、热释放峰值命名为 X_3、总热释放量命名为 X_4、质量损失速率命名为 X_5、烟生成速率命名为 X_6、生烟总量命名为 X_7、比消光面积命名为 X_8、CO_2 产率命名为 X_9、CO 和 CO_2 生成速率命名为 X_{10}，10种指标作为草原可燃物的易燃性变量，利用因子分析方法综合评定不同草原可燃物的易燃性等级。

首先，用 KMO（Kaiser-Meyer-Olkin）和 Bartlet 球形检验对数据进行相关性检验。检验结果（表3-2），KMO 统计量为

0.557，其值大于 0.5，Bartlet 球形检验统计量的 Sig 值<0.01，由此认为各变量之间存在着显著的相关性，适合做主成分分析。

表 3-2　各指标之间的相关性分析

检验	数值
KMO 度量	0.557
Bartlett 的球形度检验 Sig 值	0.000

根据因子的固定数量为 6，提取了 6 个主成分，其特征值分别为 2.261、2.068、1.547、1.186、1.092 和 1.039，各个主成分的方差贡献率分别为 22.61%、20.68%、15.47%、11.86%、10.92% 和 10.39%，累计贡献率达 91.93%。按照累积方差贡献率 ≥85% 的原则，70 种草原可燃物燃烧性的因子分析中，选取了前 6 个主成分，其累积方差贡献率为 91.93%，符合因子分析的原则，表明 6 个主成分已经代表了 70 种草原可燃物的燃烧性的 91.93% 的信息量，这样可用最少的指标数并使信息量损失最小（表 3-3）。

表 3-3　可燃物因子贡献率

主成分	特征值	贡献率（%）	
		方差	累积方差
1	2.261	22.61	22.61
2	2.068	20.68	43.29
3	1.547	15.47	58.76
4	1.186	11.86	70.62
5	1.092	10.92	81.54
6	1.039	10.39	91.93

主成分找到之后，更重要的是要知道每个主成分的意义，以便做出更科学合理的解释。根据载荷因子建立因子载荷矩阵 $A=$

$(a_{ij})p \times m$，此载荷矩阵每一列元素相差并不明显，不便对主成分进行实质性分析。为了使各因子对各变量的载荷系数有比较明显的差别，需要对因子载荷矩阵进行旋转，这样做的目的是使因子载荷阵 A 的结构简化，即令载荷矩阵的每一列元素的平方值向 0 或 1 两极化或者使主成分的贡献率越分散越好，这里选用 Kaiser 标准化最大方差法旋转方法，旋转在 6 次迭代后已收敛，使得载荷矩阵如表 3-4 所示。

表 3-4　因子载荷矩阵

变量	因子					
	f_1	f_2	f_3	f_4	f_5	f_6
点燃时间 x_1	-0.068	0.044	0.026	-0.108	-0.133	0.965
平均热释放速率 x_2	0.941	-0.012	-0.09	0.142	0.007	-0.112
热释放峰值 x_3	0.715	-0.116	-0.198	0.420	0.297	0.167
总热释放量 x_4	0.912	0.023	-0.022	-0.16	-0.253	-0.058
质量损失速率 x_5	0.085	-0.018	-0.184	0.946	-0.058	-0.131
烟生成速率 x_6	-0.020	0.991	0.029	-0.022	0.098	0.025
生烟总量 x_7	-0.020	0.991	0.029	-0.022	0.098	0.025
比消光面积 x_8	-0.074	0.192	0.087	-0.045	0.937	-0.149
CO_2 产率 x_9	-0.101	-0.114	0.888	-0.027	0.134	-0.081
CO 和 CO_2 生成速率 x_{10}	-0.076	0.196	0.817	-0.229	-0.054	0.127

从表 3-4 可以看出，经过旋转后载荷系数已明显地两极分化。

第 1 主成分：f_1 在平均热释放速率 X_2、热释放峰值 X_3 和总热释放量 X_4，3 个指标上有较高的载荷，分别为 0.941、0.715 和 0.912，所以将这一主成分解释为 "可燃物燃烧强度" 因子 f_1 的方差贡献率为 22.61%，占第 1 位。

第 2 主成分：f_2 在烟生成速率 X_6 和生烟总量 X_7 有较高的载荷，分别为 0.991 和 0.991，所以可以将 f_2 解释为 "生烟能力"

因子，f_2 的方差贡献率为 20.68%，占第 2 位。

第 3 主成分：f_3 在 CO_2 产率 X_9 和 CO 和 CO_2 生成速率 X_{10} 上有较高的载荷，分别为 0.888 和 0.817，因此可以将 f_3 解释为"碳排放量"因子，其方差贡献率为 15.47%。

第 4 主成分：f_4 在质量损失速率 X_5 上有较高的载荷，为 0.946，可以解释为"可燃物燃烧难易程度"因子，其方差贡献率为 11.86%，占第 4 位。

第 5 主成分：f_5 在比消光面积 X_8 上有较高的载荷，为 0.937，因此可以解释为"产烟能力"因子，其方差贡献率为 10.92%。

第 6 主成分：f_6 在点燃时间 X_1 上有较高的载荷，为 0.965，因此可以解释为"点燃难易度"因子，其方差贡献率为 10.39%。

二、建立因子得分模型

因子得分的系数矩阵如表 3-5 所示，由此可以得到最终的因子得分模型如下：

$$f_1 = 0.008X_1 + 0.427X_2 + 0.295X_3 + 0.447X_4 - 0.100X_5 + 0.007X_6$$
$$+ 0.007X_7 + 0.016X_8 + 0.035X_9 + 0.067X_{10} \quad (3\text{-}1)$$

$$f_2 = -0.021X_1 + 0.017X_2 - 0.080X_3 + 0.051X_4 + 0.075X_5 + 0.493X_6$$
$$+ 0.493X_7 - 0.045X_8 - 0.093X_9 + 0.072X_{10} \quad (3\text{-}2)$$

$$f_3 = 0.003X_1 + 0.054X_2 + 0.009X_3 + 0.039X_4 + 0.146X_5 - 0.012X_6$$
$$- 0.012X_7 - 0.042X_8 + 0.656X_9 + 0.558X_{10} \quad (3\text{-}3)$$

$$f_4 = 0.049X_1 - 0.012X_2 + 0.270X_3 - 0.263X_4 + 0.912X_5 + 0.046X_6$$
$$+ 0.046X_7 - 0.130X_8 + 0.209X_9 + 0.045X_{10} \quad (3\text{-}4)$$

$$f_5 = 0.064X_1 + 0.020X_2 + 0.357X_3 - 0.212X_4 - 0.175X_5 - 0.052X_6$$
$$- 0.052X_7 + 0.891X_8 + 0.056X_9 - 0.110X_{10} \quad (3\text{-}5)$$

$$f_6 = 0.953X_1 - 0.065X_2 + 0.317X_3 - 0.106X_4 - 0.021X_5 - 0.015X_6$$
$$- 0.015X_7 + 0.020X_8 - 0.049X_9 + 0.084X_{10} \qquad (3-6)$$

表3-5　因子得分系数矩阵

变量	因子					
	f_1	f_2	f_3	f_4	f_5	f_6
点燃时间 X_1	0.008	−0.021	0.003	0.049	0.064	0.953
平均热释放速率 X_2	0.427	0.017	0.054	−0.012	0.020	−0.065
热释放峰值 X_3	0.295	−0.080	0.009	0.270	0.357	0.317
总热释放量 X_4	0.447	0.051	0.039	−0.263	−0.212	−0.106
质量损失速率 X_5	−0.100	0.075	0.146	0.912	−0.175	−0.021
烟生成速率 X_6	0.007	0.493	−0.012	0.046	−0.052	−0.015
生烟总量 X_7	0.007	0.493	−0.012	0.046	−0.052	−0.015
比消光面积 X_8	0.016	−0.045	−0.042	−0.130	0.891	0.020
CO_2 产率 X_9	0.035	−0.093	0.656	0.209	0.056	−0.049
CO 和 CO_2 生成速率 X_{10}	0.067	0.072	0.558	0.045	−0.110	0.084

三、草原可燃物燃烧性排序

将原始变量的标准化值代入得分模型就可得到各草种各主成分的得分值。再把这些得分值代入（即以各因子的方差贡献率占6个因子总方差贡献率的比重作为权重，进行加权汇总），就可以得到各草原可燃物的综合得分（表3-6）。

表3-6　草原可燃物在各主成分上的得分和综合得分

草种	因子							排名
	f_1	f_2	f_3	f_4	f_5	f_6	f	
歪头菜	0.910	−0.556	0.719	0.992	1.266	6.115	1.189	1
菊	−0.190	2.475	3.126	−2.031	−1.212	1.675	0.819	2

| 草种 | 因子 | | | | | | | 排名 |
	f_1	f_2	f_3	f_4	f_5	f_6	f	
车前	−0.137	1.705	−0.335	0.091	5.414	−1.233	0.809	3
草原丝石竹	1.282	0.311	0.203	0.575	1.301	0.736	0.731	4
大籽蒿	1.333	−0.679	1.876	1.536	−0.142	−0.544	0.611	5
冰草	−0.677	2.482	0.086	3.268	−1.550	−0.461	0.591	6
黄花蒿	0.614	2.020	−0.603	−0.163	−0.042	0.923	0.582	7
星毛委陵菜	1.018	2.107	−0.244	0.202	−0.296	−1.103	0.549	8
马蔺	1.573	−0.173	−0.249	1.760	0.178	−0.353	0.514	9
防风	1.065	−0.324	2.648	0.378	−0.353	−1.312	0.494	10
黄芪	0.111	2.019	0.623	−0.872	−0.597	0.680	0.480	11
地蔷薇	1.125	−0.167	−0.671	1.564	0.109	0.991	0.453	12
草木樨	−1.063	0.422	1.241	−0.812	5.127	−0.873	0.448	13
串铃草	0.678	−0.237	0.672	1.236	−0.089	0.047	0.381	14
柴胡	0.967	2.165	−1.230	−1.193	−0.539	0.564	0.364	15
早熟禾	−0.275	2.223	0.279	0.811	−0.976	−0.932	0.363	16
矮葱	0.567	2.161	−1.143	−0.143	−0.417	−0.262	0.335	17
锦鸡儿	0.081	2.105	−1.101	−0.232	−0.294	0.725	0.325	18
天门冬	0.979	−0.709	0.980	0.511	−0.052	0.151	0.323	19
大针茅	1.126	−0.570	0.532	0.506	−0.128	−0.485	0.234	20
山连菜	0.536	−0.238	0.008	0.949	−0.013	0.111	0.213	21
多根葱	0.842	−0.601	−0.537	0.777	0.010	1.004	0.196	22
地榆	0.255	−0.395	1.680	−0.661	0.036	0.062	0.183	23
野韭	0.306	−0.306	1.927	0.061	−0.353	−1.130	0.169	24
燥原荠	−0.384	−0.482	3.068	−0.354	−0.193	−0.740	0.161	25
蓼	−0.595	1.941	−1.171	−0.399	0.276	0.523	0.134	26
百里香	0.446	−0.310	1.428	−0.122	−0.266	−1.067	0.113	27
阿氏旋花	0.615	−0.707	0.752	−0.034	−0.136	0.059	0.105	28
阿尔泰狗娃花	0.561	−0.205	−0.020	0.493	−0.149	−0.317	0.099	29

（续表）

草种	因子						f	排名
	f_1	f_2	f_3	f_4	f_5	f_6		
克氏针茅	0.820	−0.567	−0.221	0.363	−0.169	0.059	0.070	30
线叶菊	0.568	−0.563	−0.844	1.066	−0.174	0.669	0.063	31
藜	0.546	−0.204	−0.865	0.685	0.084	−0.072	0.033	32
贝加尔针茅	0.506	−0.132	−0.039	−0.123	−0.292	−0.053	0.032	33
芯芭	0.605	−0.231	0.508	−0.071	−0.295	−1.018	0.023	34
华北前胡	0.085	−0.175	−0.044	0.333	0.428	−0.495	0.012	35
栉叶蒿	0.650	−0.714	0.289	0.079	−0.097	−0.646	−0.026	36
猪毛菜	−0.569	−0.357	0.367	0.178	0.438	0.334	−0.046	37
乳芭	−0.958	−0.262	−1.164	2.921	0.565	−0.204	−0.070	38
麻花头	−0.569	−0.863	1.004	−0.698	−0.058	1.486	−0.094	39
碱草	0.492	−0.175	−0.731	−0.466	−0.308	0.103	−0.126	40
隐子草	0.415	−0.382	−0.315	−0.096	−0.265	−0.606	−0.149	41
驼绒藜	0.437	−0.649	−0.797	0.041	−0.092	0.130	−0.164	42
阴陈蒿	0.493	−0.649	−0.327	−0.167	−0.225	−0.396	−0.173	43
黄蒿	0.116	−0.232	−0.285	−0.140	−0.152	−0.741	−0.191	44
鸢尾	0.262	−0.655	−0.818	−0.006	−0.096	0.287	−0.200	45
鳞叶龙胆	0.456	−0.139	−0.683	−0.087	−0.316	−1.047	−0.201	46
多叶棘豆	0.292	−0.265	−0.655	−1.244	−0.123	0.523	−0.214	47
薹草	0.402	−0.576	−0.271	−0.429	−0.184	0	−0.218	48
黄芩	−0.469	−0.252	0.269	−0.088	−0.260	0	−0.221	49
年芝香	−3.065	1.914	0.767	0.061	−0.626	0	−0.256	50
沙葱	0.031	−0.673	−0.376	−0.106	−0.158	0	−0.306	51
知母	−0.693	−0.767	0.055	−0.736	−0.152	0	−0.329	52
点地梅	−0.639	−0.330	0.550	−1.379	−0.328	0	−0.340	53
委陵菜	0.271	−0.653	−1.061	−0.673	0.013	0	−0.347	54
羊草	−0.163	−0.524	−0.288	−0.328	−0.454	0	−0.362	55
火绒草	−0.298	−0.364	−0.534	−1.345	0.069	0	−0.381	56

（续表）

草种	因子							排名
	f_1	f_2	f_3	f_4	f_5	f_6	f	
草芸香	−0.005	−0.652	−0.918	−0.626	−0.195	0	−0.415	57
狼毒	0.240	−0.582	−1.354	−0.412	−0.107	−0.532	−0.426	58
针茅	0.087	−0.652	−0.991	−0.911	0.017	−0.217	−0.432	59
细叶志远	−0.112	−0.331	−1.005	−1.422	0.081	−0.576	−0.454	60
糙隐子草	−1.368	−0.904	0.240	−0.819	0.367	−0.465	−0.496	61
凤毛菊	−0.313	−0.212	−0.585	−1.404	−0.444	0.043	−0.509	62
胡枝子	−0.181	−0.176	−1.112	−0.940	−0.315	−0.588	−0.514	63
草麻黄	−0.035	−0.648	−0.829	−1.670	−0.282	1.044	−0.519	64
花旗杆	0.175	−0.680	−0.509	−2.052	−0.306	0.139	−0.519	65
冷蒿	−1.259	−0.392	−0.306	0.444	−0.379	−0.027	−0.559	66
地肤	−2.041	−0.700	−0.405	0.261	−0.294	−0.519	−0.633	67
小针茅	−2.581	−0.747	−0.813	1.873	0.227	0.257	−0.634	68
扁蓿豆	−3.117	−0.711	0.890	0.874	−0.493	−0.073	−0.641	69
狭叶沙参	−3.184	−0.651	−0.336	0.563	−0.571	−0.478	−1.036	70

有了各主成分的合理解释，再结合不同草原可燃物 6 个主成分得分和综合得分，就可对不同草种可燃物易燃性进行评价。通过应用 SPSS 统计软件将 70 种可燃物在各主成分因子上的得分和综合得分进行 K-均值聚类法（K-Mean cluster）分析，指定将所有 70 个可燃物根据其得分值相对地划分成 3 类，迭代次数最多为 10 次。

（一）草原可燃物燃烧强度评价

第 1 主成分 f_1 在平均热释放速率 X_2、热释放峰值 X_4 和总热释放量 X_5 3 个指标上有较高的载荷。平均热释放速率表明其燃烧放热反应的剧烈程度，是表征可燃物燃烧强度的主要参数。热释放速率越大则单位时间内燃烧反馈给可燃物表面的热量就越多，其结果使可燃物热解速度加快和挥发物增多，从而加速了火焰的传播。平均热释放速率越大表明其燃烧放热反应越剧烈，该可燃物越易燃烧，反之，则说明该可燃物不易燃烧。热释放峰值 X_4 和总热释放量 X_5 是评价可燃物燃烧发热量的重要参数，可燃物的热释放峰值 X_4 和总热释放量 X_5 较大，表明该可燃物中的可燃性成分较多，向外界释放的热量越多，潜在的热危险也大。热释放速率、峰值和总热释放量越大，可燃物在火燃烧过程中的可燃物燃烧强度越大，所以将这一主成分解释为"可燃物燃烧强度"因子。根据可燃物在 f_1 主成分因子上的得分将 70 种草原可燃物划分为可燃物燃烧强度较高、中等和较低 3 个等级，聚类结果如表3-7 所示。

表3-7　草原可燃物燃烧强度聚类

草种	f_1	聚类结果	草种	f_1	聚类结果
马蔺	1.573	强度较高	狼毒	0.240	强度较高
大籽蒿	1.333	强度较高	花旗杆	0.175	强度较高
草原丝石竹	1.282	强度较高	黄蒿	0.116	强度中等
大针茅	1.126	强度较高	黄芪	0.111	强度中等
地蔷薇	1.125	强度较高	针茅	0.087	强度中等
防风	1.065	强度较高	华北前胡	0.085	强度中等
星毛委陵菜	1.018	强度较高	锦鸡儿	0.081	强度中等
天门冬	0.979	强度较高	沙葱	0.031	强度中等
柴胡	0.967	强度较高	草芸香	-0.005	强度中等
歪头菜	0.910	强度较高	草麻黄	-0.035	强度中等
多根葱	0.842	强度较高	细叶志远	-0.112	强度中等
克氏针茅	0.820	强度较高	车前	-0.137	强度中等
串铃草	0.678	强度较高	羊草	-0.163	强度中等
栉叶蒿	0.650	强度较高	胡枝子	-0.181	强度中等
阿氏旋花	0.615	强度较高	菊	-0.190	强度中等

（续表）

草种	f_1	聚类结果	草种	f_1	聚类结果
黄花蒿	0.614	强度较高	早熟禾	-0.275	强度中等
芯芭	0.605	强度较高	火绒草	-0.298	强度中等
线叶菊	0.568	强度较高	凤毛菊	-0.313	强度中等
矮蒿	0.567	强度较高	燥原荠	-0.384	强度中等
阿尔泰狗娃花	0.561	强度较高	黄芩	-0.469	强度中等
藜	0.546	强度较高	猪毛菜	-0.569	强度中等
山连菜	0.536	强度较高	麻花头	-0.569	强度中等
贝加尔针茅	0.506	强度较高	蓼	-0.595	强度中等
阴陈蒿	0.493	强度较高	点地梅	-0.639	强度中等
碱草	0.492	强度较高	冰草	-0.677	强度中等
鳞叶龙胆	0.456	强度较高	知母	-0.693	强度中等
百里香	0.446	强度较高	乳芭	-0.958	强度中等
驼绒藜	0.437	强度较高	草木樨	-1.063	强度中等
隐子草	0.415	强度较高	冷蒿	-1.259	强度中等
薹草	0.402	强度较高	糙隐子草	-1.368	强度中等
野韭	0.306	强度较高	地肤	-2.041	强度较低
多叶棘豆	0.292	强度较高	小针茅	-2.581	强度较低
委陵菜	0.271	强度较高	年芝香	-3.065	强度较低
鸢尾	0.262	强度较高	扁蓿豆	-3.117	强度较低
地榆	0.255	强度较高	狭叶沙参	-3.184	强度较低

（二）草原可燃物燃烧生烟速度评价

第 2 主成分 f_2 在烟生成速率 X_7 和生烟总量 X_8 2 个指标上有较高的载荷。烟生成速率和生烟总量表明了可燃物燃烧过程中生烟速度，值越大表明该类可燃物燃烧时生烟速度越大。说明在该主成分得分越高的草种在可燃物燃烧过程中生烟速度越快。根据可燃物在该主成分因子上的得分，将 70 种草原可燃物划分为生烟速度较快、中等和较慢 3 个等级（表 3-8）。

表3-8 草原可燃物燃烧生烟速度聚类

草种	f_2	聚类结果	草种	f_2	聚类结果
冰草	2.482	速度较快	细叶志远	-0.331	速度中等
菊	2.475	速度较快	猪毛菜	-0.357	速度中等
早熟禾	2.223	速度较快	火绒草	-0.364	速度中等
柴胡	2.165	速度较快	隐子草	-0.382	速度中等
矮葱	2.161	速度较快	冷蒿	-0.392	速度中等
星毛委陵菜	2.107	速度较快	地榆	-0.395	速度中等
锦鸡儿	2.105	速度较快	燥原荠	-0.482	速度较慢
黄花蒿	2.020	速度较快	羊草	-0.524	速度较慢
黄芪	2.019	速度较快	歪头菜	-0.556	速度较慢
蓼	1.941	速度较快	线叶菊	-0.563	速度较慢
年芝香	1.914	速度较快	克氏针茅	-0.567	速度较慢
车前	1.705	速度较快	大针茅	-0.570	速度较慢
草木樨	0.422	速度较快	薹草	-0.576	速度较慢
草原丝石竹	0.311	速度中等	狼毒	-0.582	速度较慢
贝加尔针茅	-0.132	速度中等	多根葱	-0.601	速度较慢
鳞叶龙胆	-0.139	速度中等	草麻黄	-0.648	速度较慢
地蔷薇	-0.167	速度中等	阴陈蒿	-0.649	速度较慢
马蔺	-0.173	速度中等	驼绒藜	-0.649	速度较慢
碱草	-0.175	速度中等	狭叶沙参	-0.651	速度较慢
华北前胡	-0.175	速度中等	草芸香	-0.652	速度较慢
胡枝子	-0.176	速度中等	针茅	-0.652	速度较慢
藜	-0.204	速度中等	委陵菜	-0.653	速度较慢
阿尔泰狗娃花	-0.205	速度中等	鸢尾	-0.655	速度较慢
凤毛菊	-0.212	速度中等	沙葱	-0.673	速度较慢
芯芭	-0.231	速度中等	大籽蒿	-0.679	速度较慢
黄蒿	-0.232	速度中等	花旗杆	-0.680	速度较慢
串铃草	-0.237	速度中等	地肤	-0.700	速度较慢
山连菜	-0.238	速度中等	阿氏旋花	-0.707	速度较慢

（续表）

草种	f_2	聚类结果	草种	f_2	聚类结果
黄芩	-0.252	速度中等	天门冬	-0.709	速度较慢
乳芭	-0.262	速度中等	扁蓿豆	-0.711	速度较慢
多叶棘豆	-0.265	速度中等	栉叶蒿	-0.714	速度较慢
野韭	-0.306	速度中等	小针茅	-0.747	速度较慢
百里香	-0.310	速度中等	知母	-0.767	速度较慢
防风	-0.324	速度中等	麻花头	-0.863	速度较慢
点地梅	-0.330	速度中等	糙隐子草	-0.904	速度较慢

（三）草原可燃物碳排放量评价

第 3 主成分 f_3 在 CO_2 产率 X_{10} 和 CO 和 CO_2 生成速率 X_{11} 2 个指标上有较高的载荷。草原可燃物的组成物质主要是碳，在受热燃烧后会释放出多种气体，其中 CO_2 和 CO 是烟气中的主要气体。CO_2 的产率越大，说明其燃烧反应越完全，对应的 CO 产率就越小，其毒性就越小。碳排放能力反映了可燃物燃烧过程中释放碳的强度，在该主成分得分越高的草种，说明该类草种燃烧时释放碳的能力越强。根据可燃物在该主成分因子上的得分将 70 种草原可燃物划分为单位碳排放量较高、中等和较低 3 个等级（表 3-9）。

表 3-9 草原可燃物燃烧碳排放聚类

草种	f_3	聚类结果	草种	f_3	聚类结果
菊	3.126	碳排放量较高	黄蒿	-0.285	碳排放量较低
燥原荠	3.068	碳排放量较高	羊草	-0.288	碳排放量较低
防风	2.648	碳排放量较高	冷蒿	-0.306	碳排放量较低
野韭	1.927	碳排放量较高	隐子草	-0.315	碳排放量较低
大籽蒿	1.876	碳排放量较高	阴陈蒿	-0.327	碳排放量较低
地榆	1.680	碳排放量较高	车前	-0.335	碳排放量较低

（续表）

草种	f_3	聚类结果	草种	f_3	聚类结果
百里香	1.428	碳排放量中等	狭叶沙参	−0.336	碳排放量较低
草木樨	1.241	碳排放量中等	沙葱	−0.376	碳排放量较低
麻花头	1.004	碳排放量中等	地肤	−0.405	碳排放量较低
天门冬	0.980	碳排放量中等	花旗杆	−0.509	碳排放量较低
扁蓿豆	0.890	碳排放量中等	火绒草	−0.534	碳排放量较低
年芝香	0.767	碳排放量中等	多根葱	−0.537	碳排放量较低
阿氏旋花	0.752	碳排放量中等	凤毛菊	−0.585	碳排放量较低
歪头菜	0.719	碳排放量中等	黄花蒿	−0.603	碳排放量较低
串铃草	0.672	碳排放量中等	多叶棘豆	−0.655	碳排放量较低
黄芪	0.623	碳排放量中等	地蔷薇	−0.671	碳排放量较低
点地梅	0.550	碳排放量中等	鳞叶龙胆	−0.683	碳排放量较低
大针茅	0.532	碳排放量中等	碱草	−0.731	碳排放量较低
芯芭	0.508	碳排放量中等	驼绒藜	−0.797	碳排放量较低
猪毛菜	0.367	碳排放量中等	小针茅	−0.813	碳排放量较低
栉叶蒿	0.289	碳排放量中等	鸢尾	−0.818	碳排放量较低
早熟禾	0.279	碳排放量中等	草麻黄	−0.829	碳排放量较低
黄芩	0.269	碳排放量中等	线叶菊	−0.844	碳排放量较低
糙隐子草	0.240	碳排放量中等	藜	−0.865	碳排放量较低
草原丝石竹	0.203	碳排放量中等	草芸香	−0.918	碳排放量较低
冰草	0.086	碳排放量中等	针茅	−0.991	碳排放量较低
知母	0.055	碳排放量中等	细叶志远	−1.005	碳排放量较低
山连菜	0.008	碳排放量中等	委陵菜	−1.061	碳排放量较低
阿尔泰狗娃花	−0.020	碳排放量中等	锦鸡儿	−1.101	碳排放量较低
贝加尔针茅	−0.039	碳排放量中等	胡枝子	−1.112	碳排放量较低
华北前胡	−0.044	碳排放量中等	矮葱	−1.143	碳排放量较低
克氏针茅	−0.221	碳排放量较低	乳芭	−1.164	碳排放量较低
星毛委陵菜	−0.244	碳排放量较低	蓼	−1.171	碳排放量较低
马蔺	−0.249	碳排放量较低	柴胡	−1.230	碳排放量较低
薹草	−0.271	碳排放量较低	狼毒	−1.354	碳排放量较低

（四）草原可燃物燃烧速率评价

第4主成分 f_4 在质量损失速率 X_6 指标上有较高的载荷。可燃物的质量损失是由可燃物燃烧放热引起。质量损失速率可以用来判定可燃物燃烧过程的燃烧速率评价。可燃物的质量损失速率越大，表明该可燃物热解生成的可燃性成分所占的比例相对较大，可燃物的燃烧反应也越快。不同可燃物的质量损失率不同，以此可以推断可燃物燃烧过程的难易程度。所以将这一主成分解释为"可燃物燃烧速率"因子。说明在该主成分得分越高的草种较易燃烧和蔓延。根据可燃物在该主成分因子上的得分将70种草原可燃物划分为可燃物燃烧速率较快、中等和较低3个等级（表3-10）。

表3-10 草原可燃物燃烧速率聚类

草种	f_4	聚类结果	草种	f_4	聚类结果
冰草	3.268	燃烧速率较快	黄芩	-0.088	燃烧速率中等
乳芭	2.921	燃烧速率较快	隐子草	-0.096	燃烧速率中等
小针茅	1.873	燃烧速率较快	沙葱	-0.106	燃烧速率中等
马蔺	1.760	燃烧速率较快	百里香	-0.122	燃烧速率中等
地蔷薇	1.564	燃烧速率较快	贝加尔针茅	-0.123	燃烧速率中等
大籽蒿	1.536	燃烧速率较快	黄蒿	-0.140	燃烧速率中等
串铃草	1.236	燃烧速率较快	矮葱	-0.143	燃烧速率中等
线叶菊	1.066	燃烧速率较快	黄花蒿	-0.163	燃烧速率中等
歪头菜	0.992	燃烧速率较快	阴陈蒿	-0.167	燃烧速率中等
山连菜	0.949	燃烧速率中等	锦鸡儿	-0.232	燃烧速率中等
扁蓿豆	0.874	燃烧速率中等	羊草	-0.328	燃烧速率中等
早熟禾	0.811	燃烧速率中等	燥原芩	-0.354	燃烧速率中等
多根葱	0.777	燃烧速率中等	蓼	-0.399	燃烧速率中等
藜	0.685	燃烧速率中等	狼毒	-0.412	燃烧速率中等
草原丝石竹	0.575	燃烧速率中等	薹草	-0.429	燃烧速率中等

（续表）

草种	f_4	聚类结果	草种	f_4	聚类结果
狭叶沙参	0.563	燃烧速率中等	碱草	-0.466	燃烧速率中等
天门冬	0.511	燃烧速率中等	草芸香	-0.626	燃烧速率较低
大针茅	0.506	燃烧速率中等	地榆	-0.661	燃烧速率较低
阿尔泰狗娃花	0.493	燃烧速率中等	委陵菜	-0.673	燃烧速率较低
冷蒿	0.444	燃烧速率中等	麻花头	-0.698	燃烧速率较低
防风	0.378	燃烧速率中等	知母	-0.736	燃烧速率较低
克氏针茅	0.363	燃烧速率中等	草木樨	-0.812	燃烧速率较低
华北前胡	0.333	燃烧速率中等	糙隐子草	-0.819	燃烧速率较低
地肤	0.261	燃烧速率中等	黄芪	-0.872	燃烧速率较低
星毛委陵菜	0.202	燃烧速率中等	针茅	-0.911	燃烧速率较低
猪毛菜	0.178	燃烧速率中等	胡枝子	-0.940	燃烧速率较低
车前	0.091	燃烧速率中等	柴胡	-1.193	燃烧速率较低
栉叶蒿	0.079	燃烧速率中等	多叶棘豆	-1.244	燃烧速率较低
野韭	0.061	燃烧速率中等	火绒草	-1.345	燃烧速率较低
年芝香	0.061	燃烧速率中等	点地梅	-1.379	燃烧速率较低
驼绒藜	0.041	燃烧速率中等	凤毛菊	-1.404	燃烧速率较低
鸢尾	-0.006	燃烧速率中等	细叶志远	-1.422	燃烧速率较低
阿氏旋花	-0.034	燃烧速率中等	草麻黄	-1.670	燃烧速率较低
芯芭	-0.071	燃烧速率中等	菊	-2.031	燃烧速率较低
鳞叶龙胆	-0.087	燃烧速率中等	花旗杆	-2.052	燃烧速率较低

（五）草原可燃物产烟能力评价

第 5 主成分 f_5 在比消光面积 X_8 指标上有较高的载荷。比消光面积表示挥发单位质量的可燃物所产生烟的能力，烟气量与比消光面积成正比，所以将这一主成分解释为"产烟能力"因子。说明在主成分 f_5 得分越高的草种在可燃物燃烧过程中产烟能力越大。根据可燃物在 f_5 主成分因子上的得分将 70 种草原可燃物划分为产烟能力较强、中等和较弱 3 个等级（表 3-11）。

表 3-11　草原可燃物产烟能力聚类

草种	f_5	聚类结果	草种	f_5	聚类结果
车前	5.414	产烟能力较强	沙葱	-0.158	产烟能力较弱
草木樨	5.127	产烟能力较强	克氏针茅	-0.169	产烟能力较弱
草原丝石竹	1.301	产烟能力中等	线叶菊	-0.174	产烟能力较弱
歪头菜	1.266	产烟能力中等	薹草	-0.184	产烟能力较弱
乳芭	0.565	产烟能力中等	燥原荠	-0.193	产烟能力较弱
猪毛菜	0.438	产烟能力中等	草芸香	-0.195	产烟能力较弱
华北前胡	0.428	产烟能力中等	阴陈蒿	-0.225	产烟能力较弱
糙隐子草	0.367	产烟能力中等	黄芩	-0.260	产烟能力较弱
蓼	0.276	产烟能力中等	隐子草	-0.265	产烟能力较弱
小针茅	0.227	产烟能力中等	百里香	-0.266	产烟能力较弱
马蔺	0.178	产烟能力中等	草麻黄	-0.282	产烟能力较弱
地蔷薇	0.109	产烟能力中等	贝加尔针茅	-0.292	产烟能力较弱
藜	0.084	产烟能力中等	锦鸡儿	-0.294	产烟能力较弱
细叶志远	0.081	产烟能力中等	地肤	-0.294	产烟能力较弱
火绒草	0.069	产烟能力中等	芯芭	-0.295	产烟能力较弱
地榆	0.036	产烟能力中等	星毛委陵菜	-0.296	产烟能力较弱
针茅	0.017	产烟能力中等	花旗杆	-0.306	产烟能力较弱
委陵菜	0.013	产烟能力中等	碱草	-0.308	产烟能力较弱
多根葱	0.010	产烟能力中等	胡枝子	-0.315	产烟能力较弱
山连菜	-0.013	产烟能力较弱	鳞叶龙胆	-0.316	产烟能力较弱
黄花蒿	-0.042	产烟能力较弱	点地梅	-0.328	产烟能力较弱
天门冬	-0.052	产烟能力较弱	野韭	-0.353	产烟能力较弱
麻花头	-0.058	产烟能力较弱	防风	-0.353	产烟能力较弱
串铃草	-0.089	产烟能力较弱	冷蒿	-0.379	产烟能力较弱
驼绒藜	-0.092	产烟能力较弱	矮葱	-0.417	产烟能力较弱
鸢尾	-0.096	产烟能力较弱	凤毛菊	-0.444	产烟能力较弱
栉叶蒿	-0.097	产烟能力较弱	羊草	-0.454	产烟能力较弱

（续表）

草种	f_5	聚类结果	草种	f_5	聚类结果
狼毒	-0.107	产烟能力较弱	扁蓿豆	-0.493	产烟能力较弱
多叶棘豆	-0.123	产烟能力较弱	柴胡	-0.539	产烟能力较弱
大针茅	-0.128	产烟能力较弱	狭叶沙参	-0.571	产烟能力较弱
阿氏旋花	-0.136	产烟能力较弱	黄芪	-0.597	产烟能力较弱
大籽蒿	-0.142	产烟能力较弱	年芝香	-0.626	产烟能力较弱
阿尔泰狗娃花	-0.149	产烟能力较弱	早熟禾	-0.976	产烟能力较弱
黄蒿	-0.152	产烟能力较弱	菊	-1.212	产烟能力较弱
知母	-0.152	产烟能力较弱	冰草	-1.550	产烟能力较弱

（六）草原可燃物点燃难易度评价

第6主成分 f_6 在点燃时间 X_1 指标上有较高的载荷。点燃时间用来评估可燃物发生燃烧的难易程度，即点燃时间越长，表明该可燃物在当前热辐射状态下越不容易被点燃，即阻火性能越好，对火蔓延的速度有相对较强的抑制作用；相反，点燃时间越短，表明该可燃物越易被点燃，对火的蔓延速度有促进作用。所以将这一主成分解释为"点燃难易度"因子。说明在该主成分得分越高的草种的点燃时间越长，点燃难易度越大，也就越不容易燃烧。根据可燃物在该主成分因子上的得分将70种草原可燃物划分为点燃难易度较难、中等和较易3个等级（表3-12）。

表3-12 草原可燃物点燃难易度聚类

草种	f_6	聚类结果	草种	f_6	聚类结果
歪头菜	6.115	点燃较难	草芸香	-0.073	点燃较易
菊	1.675	点燃中等	细叶志远	-0.080	点燃较易
麻花头	1.486	点燃中等	花旗杆	-0.201	点燃较易
知母	1.044	点燃中等	乳芭	-0.204	点燃较易

（续表）

草种	f_6	聚类结果	草种	f_6	聚类结果
多根葱	1.004	点燃中等	针茅	-0.217	点燃较易
地蔷薇	0.991	点燃中等	矮葱	-0.262	点燃较易
黄花蒿	0.923	点燃中等	阿尔泰狗娃花	-0.317	点燃较易
地肤	0.849	点燃中等	马蔺	-0.353	点燃较易
草原丝石竹	0.736	点燃中等	阴陈蒿	-0.396	点燃较易
扁蓿豆	0.727	点燃中等	冰草	-0.461	点燃较易
锦鸡儿	0.725	点燃中等	凤毛菊	-0.461	点燃较易
黄芪	0.680	点燃中等	黄芩	-0.465	点燃较易
线叶菊	0.669	点燃中等	狭叶沙参	-0.478	点燃较易
糙隐子草	0.579	点燃中等	大针茅	-0.485	点燃较易
柴胡	0.564	点燃中等	华北前胡	-0.495	点燃较易
多叶棘豆	0.523	点燃中等	羊草	-0.519	点燃较易
蓼	0.523	点燃中等	狼毒	-0.532	点燃较易
猪毛菜	0.334	点燃中等	大籽蒿	-0.544	点燃较易
小针茅	0.326	点燃中等	薹草	-0.576	点燃较易
鸢尾	0.287	点燃中等	沙葱	-0.588	点燃较易
火绒草	0.257	点燃中等	隐子草	-0.606	点燃较易
草麻黄	0.209	点燃中等	栉叶蒿	-0.646	点燃较易
天门冬	0.151	点燃中等	燥原荠	-0.740	点燃较易
点地梅	0.139	点燃中等	黄蒿	-0.741	点燃较易
驼绒藜	0.130	点燃中等	胡枝子	-0.742	点燃较易
山连菜	0.111	点燃中等	草木樨	-0.873	点燃较易
碱草	0.103	点燃中等	早熟禾	-0.932	点燃较易
地榆	0.062	点燃中等	芯芭	-1.018	点燃较易
克氏针茅	0.059	点燃中等	鳞叶龙胆	-1.047	点燃较易
阿氏旋花	0.059	点燃中等	百里香	-1.067	点燃较易
串铃草	0.047	点燃中等	冷蒿	-1.079	点燃较易

（续表）

草种	f_6	聚类结果	草种	f_6	聚类结果
年芝香	0.043	点燃中等	星毛委陵菜	−1.103	点燃较易
委陵菜	−0.027	点燃中等	野韭	−1.130	点燃较易
贝加尔针茅	−0.053	点燃较易	车前	−1.233	点燃较易
藜	−0.072	点燃较易	防风	−1.312	点燃较易

（七）草原可燃物燃烧特性综合评价

对可燃物燃烧强度、生烟量、碳排放量、可燃物燃烧难易程度、产烟能力和点燃时间等进行分析后，基于各草原可燃物的综合得分将 70 种草地可燃物的燃烧性等级划分为 3 个级别，分别为易燃性较高、中等和较低（表 3-13）。易燃性越高，表明该类可燃物越容易被点燃和燃烧，并且可燃物燃烧强度大、生烟能力强、碳排放量大；易燃性越低，越不易被点燃和蔓延，可燃物燃烧强度低、生烟能力弱、碳排放量小、可燃物燃烧难易程度低等特点。

表 3-13　草原可燃物燃烧特性综合评价结果

草种	f	聚类结果	草种	f	聚类结果
歪头菜	1.189	易燃性较高	华北前胡	0.012	易燃性中等
菊	0.819	易燃性较高	栉叶蒿	−0.026	易燃性中等
车前	0.809	易燃性较高	猪毛菜	−0.046	易燃性中等
草原丝石竹	0.731	易燃性较高	乳芭	−0.070	易燃性中等
大籽蒿	0.611	易燃性较高	麻花头	−0.094	易燃性中等
冰草	0.591	易燃性较高	碱草	−0.126	易燃性中等
黄花蒿	0.582	易燃性较高	隐子草	−0.149	易燃性中等
星毛委陵菜	0.549	易燃性较高	驼绒藜	−0.164	易燃性中等
马蔺	0.514	易燃性较高	阴陈蒿	−0.173	易燃性中等

（续表）

草种	f	聚类结果	草种	f	聚类结果
防风	0.494	易燃性较高	黄蒿	-0.191	易燃性中等
黄芪	0.480	易燃性较高	鸢尾	-0.200	易燃性较低
地蔷薇	0.453	易燃性较高	鳞叶龙胆	-0.201	易燃性较低
草木樨	0.448	易燃性较高	多叶棘豆	-0.214	易燃性较低
串铃草	0.381	易燃性较高	薹草	-0.218	易燃性较低
柴胡	0.364	易燃性较高	黄芩	-0.221	易燃性较低
早熟禾	0.363	易燃性较高	年芝香	-0.256	易燃性较低
矮葱	0.335	易燃性较高	沙葱	-0.306	易燃性较低
锦鸡儿	0.325	易燃性较高	知母	-0.329	易燃性较低
天门冬	0.323	易燃性较高	点地梅	-0.340	易燃性较低
大针茅	0.234	易燃性中等	委陵菜	-0.347	易燃性较低
山连菜	0.213	易燃性中等	羊草	-0.362	易燃性较低
多根葱	0.196	易燃性中等	火绒草	-0.381	易燃性较低
地榆	0.183	易燃性中等	草芸香	-0.415	易燃性较低
野韭	0.169	易燃性中等	狼毒	-0.426	易燃性较低
燥原荠	0.161	易燃性中等	针茅	-0.432	易燃性较低
蓼	0.134	易燃性中等	细叶志远	-0.454	易燃性较低
百里香	0.113	易燃性中等	糙隐子草	-0.496	易燃性较低
阿氏旋花	0.105	易燃性中等	凤毛菊	-0.509	易燃性较低
阿尔泰狗娃花	0.099	易燃性中等	胡枝子	-0.514	易燃性较低
克氏针茅	0.070	易燃性中等	草麻黄	-0.519	易燃性较低
线叶菊	0.063	易燃性中等	花旗杆	-0.519	易燃性较低
藜	0.033	易燃性中等	冷蒿	-0.559	易燃性较低
贝加尔针茅	0.032	易燃性中等	地肤	-0.633	易燃性较低
芯芭	0.023	易燃性中等	小针茅	-0.634	易燃性较低
狭叶沙参	-1.036	易燃性较低	扁蓿豆	-0.641	易燃性较低

第三节 本章小结

通过对内蒙古草原 70 种主要草本可燃物燃烧特性进行测定，并分析了草本间在各指标上的差异，采用主成分分析法对可燃物的燃烧性的各指标进行分析后对草本的燃烧性进行排序。利用聚类分析法对可燃物燃烧强度、速度、碳排放量、燃烧速率、产烟能力和点燃难易度等进行分析后，基于各草原可燃物的综合得分将 70 种草地可燃物的易燃性等级划分为 3 个级别，分别为易燃性较高、中等和较低。主要结论如下。

通过对 2013—2016 年的 6—8 月的生长季我国北方草原的重点草原防火区内蒙古的呼伦贝尔草原和锡林郭勒草原进行野外调查和采样，并进行可燃物燃烧实验，进一步对草原可燃物燃烧特性综合分析，采用主成分分析法对不同可燃物的 10 个燃烧特性进行降维处理，得到了 6 个主成分，各个主成分的方差贡献率分别为 22.61%、20.68%、15.47%、11.86%、10.92% 和 10.39%，累计贡献率达 91.93%，使信息量损失最小。第 1 主成分 f_1 在平均热释放速率 X_2、热释放峰值 X_3 和总热释放量 X_4，3 个指标上有较高的载荷，这一主成分解释为"可燃物燃烧强度"因子；第 2 主成分 f_2 在烟生成速率 X_6 和生烟总量 X_7 上有较高的载荷，这一主成分解释为"生烟能力"因子；第 3 主成分 f_3 在 CO_2 产率 X_9 和 CO 和 CO_2 生成速率 X_{10} 上有较高的载荷，这一主成分解释为"碳排放量"因子；第 4 主成分 f_4 在质量损失速率 X_5 上有较高的载荷，这一主成分解释为"可燃物燃烧速率"因子；第 5 主成分 f_5 在比消光面积 X_8 上有较高的载荷，这一主成分解释为"产烟能力"因子；第 6 主成分 f_6 在点燃时间 X_1 上有较高的载荷，这一主成分解释为"点燃难易度"因子。

通过应用 SPSS 统计软件将 70 种可燃物在各主成分因子上的

得分和综合得分进行 K-均值聚类法分析来评价可燃物燃烧特性。从草原可燃物燃烧强度评价结果来看，马蔺、大籽蒿等 37 种植被类型可燃物燃烧强度较高，黄蒿、黄芪等 28 种植被类型可燃物燃烧强度中等，地肤、小针茅等 5 种植被类型可燃物燃烧强度较低；从草原可燃物燃烧生烟速度评价结果来看，冰草、菊等 12 种植被类型生烟速度较快，草木樨、草原丝石竹等 29 种植被类型生烟速度中等，燥原荠、羊草等 29 种植被类型生烟速度较慢；从草原可燃物碳排放量评价结果来看，菊、燥原荠等 6 种植被类型碳排放量较高，百里香、草木樨等 25 种植被类型碳排放量中等，克氏针茅、星毛委陵菜等 39 种植被类型碳排放量较低；从草原可燃物燃烧速率评价结果来看，冰草、乳芭等 7 种植被类型可燃物燃烧速率较快，线叶菊、歪头菜等 43 种植被类型可燃物燃烧速率中等，碱草、草芸香等 20 种植被类型可燃物燃烧速率较低；从草原可燃物产烟能力评价结果来看，车前、草木樨等两种植被类型产烟能力较强，草原丝石竹、歪头菜等 17 种植被类型产烟能力中等，山连菜、黄花蒿等 51 种植被类型产烟能力较弱；从草原可燃物点燃难易度评价结果来看，歪头菜植被类型点燃难易度较难，菊、麻花头等 32 种植被类型点燃难易度中等，贝加尔针茅、藜等 37 种植被类型点燃难易度较易。

对草原可燃物燃烧强度、生烟量、碳排放量、可燃物燃烧难易程度、产烟能力和点燃时间等进行综合评价分析后，发现歪头菜、菊等 19 种植被类型易燃性较高，大针茅、山连菜等 25 种植被类型易燃性中等，鸢尾、鳞叶龙胆等 26 种植被类型易燃性较低。

第四章 可燃物量和草原火的
时空特征

第一节 内蒙古草原可燃物量时空
分布特征

一、草原可燃物量估算

草地上的枯黄植物是草原火最主要的可燃物，是草原火燃烧的主体。草原火的发生、发展与可燃物的特性、数量、时空分布有密切关系。草原可燃物在草地上的空间分布是随着不同季节及同一季节的不同时间段不断变化的。可燃物载量是指草地生长季鲜草干重与枯枝落叶干重之和，本研究生长季（5—10月）可燃物载量通过计算当年地上生物量与上一年残留枯枝落叶之和所得，非生长季（11月至翌年4月）通过10月可燃物载量计算递减率所得。

MODIS的分辨率为500m，在野外采样时为了实地数据的准确性，在一个像元中平均取9个采样点对地上可燃物载量进行实地数据采集。

通过2013年、2014年和2016年5—10月的1m×1m的样方内收割的鲜草进行烘干获得不同草地类型单位面积鲜草干重。同时在MODIS数据（2013年、2014年和2016年5—10月）中获取与采样点对应的NDVI值，通过遥感NDVI与地面鲜草干重数据建立一元非线性回归模型（乘幂模型），如图4-1、式（4-1）所示。

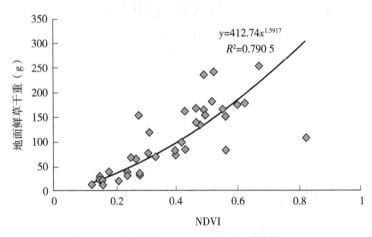

图4-1　NDVI和鲜草干重的拟合图

$$y = 412.745^{1.592NDVI} \qquad (4-1)$$

式中，因变量y为地上生物量干重；NDVI为自变量；R^2为0.791；由式（4-1）计算获得5—10月内蒙古草原地上生物量干重。

利用2013年、2014年和2016年的10月到翌年4月收集的1m×1m样方内获取的枯枝落叶总干重，作为该时期内可燃物载量。在对枯枝落叶的野外采样中一共覆盖了21种植被类型亚类，分别计算各自的递减率回归公式后，将斜率和常数项进行平均得出式（4-2）：

$$y = -7.12t + 51.87 \qquad (4-2)$$

式中，因变量y为枯枝落叶干重；自变量t为时间（在实际计算时数字1表示11月，依此类推）。由式（4-2）计算获得10

月可燃物载量和计算出来的当年 11—12 月以及翌年 1—4 月的枯枝落叶干重。

根据内蒙古草地矢量分布图作为草地掩膜文件,并分别与模型(4-1)和模型(4-2)进行叠加获得到内蒙古草地 1—12 月不同植被类型羊草、针茅、薹草、隐子草和其他植物的可燃物载量,因为在实际采样中羊草、针茅、隐子草和薹草在样方中所占比例大,其他的 66 种所占比重小,故用 66 种的平均值参与计算。

二、内蒙古草原可燃物量年际变化

将 2000—2016 年内蒙古草原可燃物量每年的最大值减去多年平均值后得到每年的距平结果。将 2000—2016 年的 17 年的距平结果,根据小于 $-100 \mathrm{g/m}^2$ 的划分为可燃物量减少的区域,$-100 \sim 100 \mathrm{g/m}^2$ 的划分为可燃物量基本未变的区域,大于 $100 \mathrm{g/m}^2$ 的划分为可燃物量增加的区域。

由图 4-2 可知,从 2000—2016 年内蒙古草原单位面积可燃物量年际变化来看:2005 年、2006 年、2008 年、2012 年、2013 年和 2014 年内蒙古的东部草原高火险区可燃物量普遍偏高于多

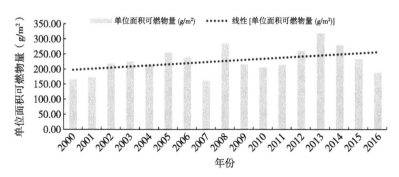

图 4-2 2000—2016 年内蒙古草原单位面积可燃物量年际变化

年均值；2000 年、2001 年、2007 年、2009 年、2010 年和 2016 年内蒙古的东部草原高火险区可燃物量普遍偏低于多年均值。2002 年呼伦贝尔草原的大部分地区可燃物高于多年均值或者与多年均值相同，锡林郭勒盟东部部分地区的草原可燃物量要低于多年均值，而锡林郭勒盟和兴安盟西部草原的部分地区可燃物量要高于多年均值；2003 年呼伦贝尔市的林缘草地和西部的部分草原地区、阿尔山西部的草原以及锡林郭勒盟的东部地区可燃物量低于多年均值，锡林郭勒盟的中西部大部地区可燃物量高于多年均值；2004 年呼伦贝尔市和阿尔山市的草原地区整体上可燃物量偏低于多年平均状态，锡林郭勒盟的东部和北部可燃物量偏低于多年均值，而锡林郭勒盟南部的部分地区的可燃物量偏高于多年均值；2005 年呼伦贝尔草原和锡林郭勒草原东部地区可燃物量比多年均值高，呼伦贝尔草原和锡林郭勒草原西部地区可燃物量比多年均值低；2015 年可燃物量比多年均值高的区域主要分布在呼伦贝尔草原和锡林郭勒草原的东部，其他地区与多年均值持平。

三、内蒙古草原可燃物量空间分布

内蒙古草原 2000—2016 年 17 年的草原可燃物量，进一步统计 17 年内蒙古草原可燃物量，得到内蒙古草原多年可燃物量平均值的空间分布。

内蒙古草原可燃物量总体上呈现出西南向东北增加的趋势，年可燃物量平均值大于 $500g/m^2$ 的区域主要分布在大兴安岭山脉两侧，其中大兴安岭岭西与草原区的林草交界，呼伦贝尔市林缘草地可燃物承载量较多，通辽市和赤峰市大部可燃物量波动范围在 $20\sim500g/m^2$，其中东部偏南主要以 $45\sim500g/m^2$ 为主，中部区大于 $20g/m^2$ 的区域主要分布在大青山地区的高山草地。锡林郭勒盟中西部及以西部大部分地区可燃物量主要以小于 $20g/m^2$

为主。从整体来看大于 $45g/m^2$ 的地区主要分布在东北地区的林间和林缘草地，其次 $45\sim500g/m^2$ 的地区主要集中在大兴安岭两侧，东部偏南地区以镶嵌分布为主，中部区大青山周边以零星分布为主，$20\sim45g/m^2$ 的地区主要分布在呼伦贝尔草原、科尔沁草原区、锡林郭勒盟草原与大兴安岭南段西侧的过渡区，其余大部地区可燃物量小于 $20g/m^2$。

第二节 内蒙古草原火时空分布特征

草原火的时空分布是指草原火的发生随时间和空间的变化呈现规律性变化的特征。火烧迹地面积数据由 USGS 的 LPDAAC 提供的中分辨率成像光谱仪的火烧迹地面积产品 MCD45A，此数据是 MODIS 陆地产品 5 系列中的一款，以 500m 分辨率的月产品形式发布。火点数据是 2000—2016 年 MODIS 火产品 MOD14A1 (Terra) 和 MYD14A1 (Aqua)，空间分辨率为 1km，时间分辨率为 1d。植被类型图源于国家基础地理信息中心的全球 30m 地表覆盖数据集。

一、内蒙古草原火年际变化

（一）年际变化

草原火的发生与不同年份的气候差异有关。有的年份，降水量少、气候干旱、温度高，草原火发生的次数就多，损失也严重；有的年份，降水量多、气候湿润、温度低，草原火的发生就相对较少，损失也轻。

2000—2016 年的 17 年共发生的草原火燃烧面积为 5 298.75 km^2，年均 311.69km^2。2000 年、2001 年、2003 年、2005 年、2012 年、2013 年和 2014 年的草原火烧面积大于平均值。其中，2014 年草原火烧面积达到 17 年中的最大值，其草原火烧面积为 759.75km²。内蒙古草原火烧面积整体上随着时间呈现波动下降趋势。

（二）月份分布

不同的月份草原火发生次数会明显有差异。图 4-3 和图 4-4 为 2000—2016 年内蒙古草原火烧面积的月份分布情况。从图中可知 3 月、4 月和 5 月的草原火烧面积分别为 781km²、1 758.25km² 和 640.75km²，春季的火烧面积占总的火烧面积的 63.39%。其中，仅 4 月的草原火烧面积就约占总面积的 1/3。因为，4 月的时候内蒙古草原地区的积雪基本已经退去，土壤墒情较低，气温逐渐升高，降水偏少的年份草原可燃物处于最易燃烧的危险期。

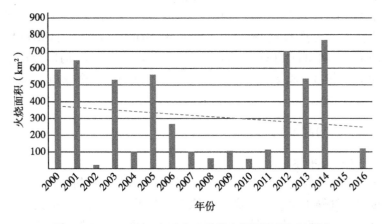

图 4-3　2000—2016 年内蒙古草原火烧面积的年际波动

在一年中另一个草原火高发期为秋季的 9 月和 10 月。在 2000—2016 年的 17 年中 9 月的草原火烧面积为 391km²，10 月的内蒙古草原火烧面积为 975.25km²。从 8 月末 9 月初开始内蒙古草原地区的黄枯期由东北逐步向西南推进，大部分天然牧草的黄

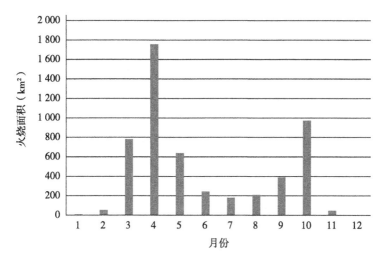

图 4-4　2000—2016 年内蒙古草原火烧面积的月份分布

枯期集中在 9 月。

　　夏季的 6 月、7 月和 8 月虽然气温较高，但是可燃物处在旺盛的生长期，可燃物水分含量高。由于内蒙古草原地区的雨季也是在夏季，因此，夏季发生草原火较少。冬季 12 月、1 月和 2 月内蒙古草原地区有积雪覆盖，积雪覆盖区基本不发生草原火。

二、空间分布规律

　　从 2000—2016 年内蒙古各盟市草原火烧面积空间分布情况（表 4-1）来看，内蒙古草原火烧面积主要分布在内蒙古东部和中部的草原地区。呼伦贝尔市在 17 年中的草原火烧面积为 2 877.75km² 占总火烧面积的 57.4%。锡林郭勒盟和兴安盟在 17 年中的草原火烧面积分别为 1 622.25km² 和 330.25km²，占总火烧面积的 32.30% 和 6.60%。呼伦贝尔市、锡林郭勒盟和兴安盟 3 个盟市的草原火烧面积总和占总火烧面积的 96.30%。呼伦贝

尔市的陈巴尔虎旗和新巴尔虎旗，锡林郭勒盟的东乌珠穆沁旗、
西乌珠穆沁旗、锡林浩特市和阿巴嘎旗，兴安盟的阿尔山市等地
区为草原火多发区。

表4-1　2000—2016年内蒙古各盟市草原火烧面积状况

盟市	火烧面积（km²）	百分比（%）
呼伦贝尔市	2 877.75	57.40
锡林郭勒盟	1 622.25	32.30
兴安盟	330.25	6.60
乌兰察布市	133.75	2.70
赤峰市	27.75	0.60
通辽市	15.75	0.30
巴彦淖尔市	5.25	0.10
包头市	1.25	0
呼和浩特市	0.5	0
鄂尔多斯市	0.5	0
乌海市	0	0
阿拉善盟	0	0

　　呼伦贝尔市的草原火多集中在鄂伦春自治旗、陈巴尔虎旗、
新巴尔虎右旗、额尔古纳市和新巴尔虎左旗等5个旗县，锡林郭
勒盟的草原火主要分布在东乌珠穆沁旗，兴安盟的草原火主要发
生在阿尔山市和科尔沁右翼前旗。

第三节　本章小结

　　本章对内蒙古草原火及其影响因素的时空动态进行分析，得
出如下结果。

内蒙古草原火的年动态呈现波动下降趋势。2000—2016 年的 17 年里共发生的草原火燃烧面积为 5 298.75 km²，年均 311.69km²。2000 年、2001 年、2003 年、2005 年、2006 年、2012 年、2014 年和 2015 年的草原火烧面积大于平均值。其中，2014 年草原火烧面积达到 17 年中的最大值，其草原火烧面积为 759.75km²。

内蒙古草原火主要集中在春季，春季的火烧面积占总的火烧面积的 57.75%。尤其是 4 月，草原火烧面积就约占总面积的 1/3。这是因为 4 月的时候内蒙古草原地区的积雪基本已经退去，土壤墒情较低，气温逐渐升高，降水偏少的年份草原可燃物处于最易燃烧的危险期；另一个草原火高发期为秋季的 9 月和 10 月。因为，内蒙古草原地区大部分天然牧草的黄枯期集中在 9 月，可燃物黄枯后其含水率迅速降低，较易点燃。夏季虽然气温较高，但是可燃物处在旺盛的生长期，可燃物水分含量高，且内蒙古草原地区的降水量集中在夏季，因此，不容易发生草原火。冬季内蒙古草原地区有积雪覆盖，积雪覆盖区基本不发生草原火。

从内蒙古草原火的空间分布来看，内蒙古草原火主要分布在内蒙古的呼伦贝尔、锡林郭勒两大草原以及阿尔山西部的草原地区。

对 2000—2016 年内蒙古草原可燃物量时空分布特征研究发现，内蒙古草原可燃物量总体上呈现出从东北向西南递减的趋势。500g/m² 的地区主要分布呼伦贝尔市的林缘草地，阿尔山西部的草原地区以及锡林郭勒盟的东部和南部的草原地区。

可燃物量的时空分布具有异质性，并且受到多种因素的相互影响，在过去的一些研究中，往往对这些参数进行了均质性假设，即认为在一定区域内这些参数是固定不变的，以对研究进行简化[52]。在这项研究中，我们在地面实测样方数据的基础上，按照 1:100 万类型图对采样点进行了分类，但采样点个数有限，并没有覆盖到所有类型。可燃物载量获取的方法主要是地面调查法和遥感图像法，可燃物载量的数据受各种因素的交互作用，加之实测数据的获取尚缺乏统一标准，不同学者的研究方法差别较大[7]。目前常见的可燃物载量研究多借助模型、回归方程等手段[113,114]。可燃物载量的估算需要选取合适的可燃物载量模型，而对于大尺度的研究，尤其是全球性的研究中，很难找到一个适当的模型来描述研究区内所有可燃物载量的燃烧特性。遥感方法与可燃物载量模型的结合方式会直接影响可燃物载量的估算精度，还需要进一步研究可燃物载量与中间特征参量间的相关关系以及中间特征参量的遥感反演方法，以获得更为精确的可燃物载量反演结果[52]。燃烧面积相关的特征指数在不同区域、不同植物类型、不同季候的应用下存在适用度不一的情况，需要综合研究各类指数的特点，协同开展燃烧面积提取方法的研究。草原可燃物是草原燃烧的物质基础，可燃物载量是计量火排放的基础。可燃物载量的获取方法主要是地面调查法和遥感影像法。可燃物载量的数据受各种因素的交互作用，加之实测数据的获得尚缺乏统一标准，研究方法差距比较大。由于植物生产力、分解率和火发生时间和频率的变化，不同季节的可燃物载量不同[7]。

第五章 内蒙古草原火碳排放估算

近年来，含碳温室气体（CO_2 和 CH_4）浓度的迅速增加成为引发全球气候变暖的主导因子[58]，它们的温室作用占总温室效应的 70% 以上[115]，这两种气体的倍增可能导致全球性的气候变化[55]。随着温室效应认识的加深，CO_2 作为最主要的温室气体，其草原火排放量逐渐引起人们的注意[116-118]，造成草原火频发、火强度加剧、过火面积扩大，碳排放增加[119]，并对整个地球生态系统及人类的生存环境产生深刻的影响。早在 20 世纪 50—60 年代，人们已开始对木材、草类以及农作物等燃烧排放产物进行研究，旨在探索燃烧产物对大气环境污染的影响[113]。最初利用单腔体焚烧炉研究家庭焚烧炉燃烧释放产物对环境的影响[120]。20 世纪 70 年代，随着化石能源的广泛应用，CO_2 浓度的显著提升，有学者开始对全球 CO_2 升高、"碳元素地球化学循环""CO_2 浓度升高对气候变化的影响"以及"气候变化对人类及其环境等的影响"等进行研究。

随着全球气候变暖，厄尔尼诺现象的影响，草原火的发生频率和强度也在增加。草原燃烧会产生大量的烟雾，并释放到大气中，对全球变暖、生物地球化学循环、空气质量和人体健康都会产生严重的负面影响[7]。草原火不但会改变生态系统的结构、功能、格局与过程，还会影响整个系统的碳循环过程与分布[121]。对草原火碳排放估算模型研究中大部分的参数通过实验室模拟、野外观测、模型模拟或经验估计的方法获取。由于计算参数来源的多样化，碳排放估算的精度也具较高的不确定性。随着遥感技术的不断发展，不同遥感平台提供的数据以及相应的算法，被广泛应用于火碳排放估算特征参量的大尺度反演中[52,122]，遥感技术同火碳排放估算模型的结合，也为全球性火碳排放估算提供了新的方法途径和手段[52]。遥感数据在草原火大小[123,124]尺度的研究上得到了较好的应用。

内蒙古草原是中国北方温带草原的主体，在中国草地碳库中具有重要意义。1981—2000 年内蒙古共发生森林草原火 4 266 次，平均每年发生的火次数为 213.3 次。草原火是生态系统中特殊而重要的生态因子，也是导致碳储量和碳排放动态变化的重要干扰因子。已有学者对该区域做了大量研究，包括内蒙古的草原生态系统碳素循环[124]、土壤有机碳、氮蓄积量的空间特征、典型草原地下碳截存的影响[125]、内蒙古草原生物量变化、全球燃烧区和生物量燃烧碳排放研究[126]、野火碳排放估算、内蒙古草原物候时空特征、时空特征和对气候响应、温带草原土壤呼吸时空变化[127]、欧亚北部野火碳排放估算、草原火与气候的关系[128]、土地利用对草原火发生的影响等进行了研究。使用 MODIS 数据重建燃烧区面积[129]、基于 MODIS 产品分析蒙古东部火扰动时空格局等研究。

IPCC 制定了通过含碳的化石能源消费量和能源本身的碳含量估算国家 CO_2 排放量的方法[130]，但此方法没有将草原火的碳排放纳入碳排放量估算之内。草原火带来的碳排放量估算研究较少。准确计量内蒙古草原火直接排放的碳量，加强气候变暖背景下草原火干扰对草原生态系统碳循环和碳排放的影响研究[71]，正确评价火干扰在全球碳循环和碳平衡中的地位，加深火干扰对碳循环影响的认识，提高草原生态系统可持续管理的水平，以更有效的方式干预生态系统的碳平衡具有重要意义[119]。

本研究从草原火碳排放估算模型模拟角度出发，利用遥感和 GIS 技术，使用野外采样数据、室内燃烧实验数据、卫星遥感数据和植物类型数据，采用地面燃烧实验与遥感定量反演相结合的方法，建立草原火碳排放估算模型，估算了内蒙古草原2000—2016年草原火碳排放量。从微观到宏观，从定性到定量分析了内蒙古过去17年里草原火燃烧及其带来的碳排放时空规律特征。

第一节　实　验

一、野外实验

可燃物载量燃烧是温室气体排放的最大来源之一，并且在碳、氮生物化学循环中扮演重要角色[131]。结合草原资料和草地生长情况，选择草原火的典型分布区域，在东乌珠穆沁旗、锡林浩特市、阿巴嘎旗、苏尼特左旗、苏尼特右旗、二连浩特市、陈巴尔虎旗、新巴尔虎左旗、新巴尔虎右旗选择草地植物空间分布比较均一，可以代表较大范围草地植物的典型区域布设样地。

为了更有效地获得草地地上可燃物载量（包括地上生物量和枯枝落叶），根据草原火所烧植物的分布特征，选择主要植物类型，采用随机布点法，样地定位采用手持式 Garmin Vista etrex GPS 进行，在不同覆盖度的草地共选取 174 个采样点，分别于2013 年、2014 年和 2016 年 5—10 月分 3 次进行野外调查和采样，在标准样地内沿另一对角线设置 1m×1m 重复样方 5 个，调查其种类、盖度和平均高度，然后全部齐地面收割、称重并取样[132]。样方中植物主要分为羊草、针茅、薹草、隐子草和其他（各样方内植物混合汇总，共 66 种）5 个组分。在相同研究区域范围内分别于 2013 年、2014 年和 2016 年的 11 月到翌年 4 月分18 次进对样方内枯枝落叶进行野外调查和采样，收取 1m×1m 的样方内的枯枝落叶，记录其重量并取样，样品植物在 70℃ 恒温条件下烘干 48h 后称重。

二、室内实验

按照可燃物的干质量中碳所占的比重，可将草地可燃物载量转化为草地碳储量。对草原碳储量的计量，一般用直接或间接测定植物可燃物载量的现存量乘以可燃物载量中含碳率进行推算[133]。本研究利用锥形量热仪定量收集点火时间、放热率、质量损失率和烟雾气体包括 CO 和 CO_2。样品在规定的环境条件下，相对湿度为 30%，温度 20℃ 的，将植物样本的全样放于 70℃ 下烘干至恒重。用微型植物粉碎机将每种样品粉碎，过 100 目筛子，在室温下存放，制成样品待用。锥形量热仪对试件的要求为边长 100mm 的正方形，设定样品尺寸为 100mm×100mm，样品质量为 2g。所有的实验标本都暴露在水平的环境中，导向装置采用标准的先导点火装置。所有除了标本的顶部外，其他的边都被包裹着 0.03 ~ 0.05mm 厚铝箔。并使其超出试样的上表面至少 3mm，并用石棉隔断热量从样品背面向外传递，以减少外界的影响。为了使实验温度接近真实温度，实验方案参照 ASTM E1354 ~ 90 标准，热辐射通量为 $25kW/m^2$，辐射距离为 25cm，相应温度在 488.9℃ 左右，调节排气流量为 (0.024 ± 0.002) m^3/s，达到平衡后开始实验。做了 3 次重复取 3 个指标的平均值。本研究将实验中的 CO 和 CO_2 的排放率转化为单位质量排放量。在燃烧实验中为了更好地体现空间上的碳排放将同一植物类型中的样点合并，共 38 种植物类型，没有样点的植物类型我们用平均值代替。得出的碳排放量通过计算得到不同植物类型样方内羊草、针茅、薹草、隐子草和其他植物的碳排放比。

第二节 碳排放估算

基于多年数据提取火烧迹地的方法原理通常是利用火烧区域和非火烧区域的温度差异特征，构建年际特征的火烧检测指数，通过设定阈值进行火烧迹地的提取。扰动指数定义为每年合成的最大地表温度与同年合成的最大植物指数的比率除以目标监测年之前多年的扰动比率均值。发生火扰动时，地表温度会出现显著的增高，高于植物自然变化情况下最大的地表温度值，同时植物指数减小。导致 LST/EVI 比值瞬时增加。通过检测 LST/EVI 比值偏离自然变异（多年 LST/EVI 的均值）的范围来提取火烧迹地。采用表达式（5-1）生成瞬时扰动指数 DI_{inst}。

$$DI_{inst} = \frac{(LST_{max}/EVI_{maxpost})_{current(y)}}{(LST_{max}/EVI_{maxpost})_{mean(y-1)}} \qquad (5-1)$$

式中，DI_{inst} 为瞬时扰动指数。LST_{max} 为每年 8d 合成的 LST 最大值。$EVI_{maxpost}$ 为当年 LST_{max} 所对应的时间之后所有 EVI 的最大值。current（y）为当前的年份。mean（$y-1$）为目标检测年之前多年的均值。

Seiler 和 Crutzen 提出了草原火燃烧损失可燃物载量的计量方法[134]。后来经过许多学者的发展[126,135,136]，并充分考虑到地上（乔木、灌木、草本）可燃物部分，以及地表凋落物、腐殖质和粗木质残体对碳排放量的贡献[117]。本研究结合锥形量热仪实验燃烧数据得出草原火碳排放的表达式（5-2）可表示为：

$$F = A \times B \times C \times D \qquad (5-2)$$

式中，F 为可燃物燃烧过程中排放的总碳量（g）；A 为草原火的燃烧面积（km^2）；B 为研究区地上单位可燃物载量（g/m^2），可燃物载量估算参考第四章第二节中方法；C 为不同植物类型样方中 5 种植物的重量比；D 为不同植物类型样方中 5

种植物的碳排放比。本研究修正模型时主要遵循以下 3 个原则：首先，修正的指标具有灵活性，能充分表征研究区植物类型特点且易套用到不同的地区；其次，紧密地和实验仪器 CONE 的数据结合在一起，更适用于有地面实测数据的地区；最后，当修正指标相关数据无法获取时，可以用近似指标进行替代而不显著影响最终结果。这些原则也保证了所修正模型的普适性和科学性。

第三节 结果与分析

一、内蒙古草原不同植物单位重量碳排放量

基于室内实验得出的内蒙古草原不同种植物单位重量碳排放量如表 5-1 所示，可以得知蒲公英的单位重量碳排放量最大，瓦松次之，羊草、野豌豆、麦瓶草介于 0.41～0.45；车前和龙胆的单位重量碳排放量最小。

表 5-1 植物单位重量碳排放量

植物类型	单位重量碳排放（g）	植物类型	单位重量碳排放（g）
羊草	0.45	山连菜	0.1
针茅	0.37	狭叶沙参	0.1
薹草	0.187	麻黄	0.1
隐子草	0.187	花旗杆	0.09
蒲公英	0.82	黄蒿	0.09
瓦松	0.6	冰草	0.08
野豌豆	0.43	凤毛菊	0.08
麦瓶草	0.41	沙葱	0.08
燥原荠	0.38	阴陈蒿	0.08

（续表）

植物类型	单位重量碳排放（g）	植物类型	单位重量碳排放（g）
山苦菜	0.34	米蒿	0.08
防风	0.32	沙参	0.08
野韭	0.27	多叶棘豆	0.07
灰绿藜	0.27	唐松草	0.07
大籽蒿	0.24	草麻黄	0.06
蓝刺头	0.24	冷蒿	0.06
百里香	0.23	马蔺	0.06
鸦葱	0.23	多根葱	0.05
麻花头	0.21	鳞叶龙胆	0.05
年芝香	0.21	细叶远致	0.05
扁蓿豆	0.2	狼毒	0.05
点地梅	0.18	草芸香	0.04
黄芪	0.18	蓼	0.04
天门冬	0.18	鸢尾	0.04
阿氏旋花	0.17	韭	0.04
软叶棘豆	0.17	地蔷薇	0.03
十字花科	0.17	胡枝子	0.03
猪毛菜	0.15	锦鸡儿	0.03
香茅	0.15	藜	0.03
早熟禾	0.13	委陵菜	0.03
栉叶蒿	0.13	矮葱	0.02
银灰	0.13	柴胡	0.02
草原丝石竹	0.12	线叶菊	0.02
华北前明	0.11	车前	0.01
阿尔泰狗娃花	0.1	龙胆	0.01

根据锥形量热仪进行燃烧实验获得的数据，得出的草原火灾碳排放的表达式［式（5-2）］，计算获得单位面积碳排放的空间分布，碳排放分布和过火面积分布的空间分布特征相似。高碳排放主要分布在陈巴尔虎旗、新巴尔虎左旗和鄂伦春族自治旗。东乌珠穆沁旗、新巴尔虎右旗和阿尔山市的碳排放主要分布在边境地区。在其他地区，碳排放量分布不规则。通过扩大碳排放集中分布区域，中蒙俄边境地区，特别是乌珠穆沁旗东部地区单位像元碳排放量较高。

二、草原火碳排放时间变化

根据火碳排放估算模型，测算内蒙古草原火碳排放量及其变化率。内蒙古草原 2000—2016 年碳排放量波动变化，有稍稍下降的趋势（图 5-1）。这主要是由于我国对草原火发生的监测较及时，直接影响着碳排放量。通过计算得出了 2000 年、2003 年和 2005 年的碳排放量较多。2015 年的碳排放值为 0 是因为当年在内蒙古境内没有监测到大面积燃烧区域，有几个火点被及时扑灭，未对碳循环造成一定规模的影响。合理有效地估算火碳排放情况已成为一项重要的科学问题[52]。由此可见，内蒙古草原火直接碳排放量及含碳气体排放量对该区域的碳循环和碳平衡会产生一定的影响[61]。

从表 5-2 中可得出，火点个数与碳排放具有极显著正相关性（$P<0.01$），而火点个数与过火面积、可燃物载量不相关（$P>0.05$），过火面积与可燃物载量、碳排放量不相关（$P>0.05$），可燃物载量与碳排放量不相关（$P>0.05$）。

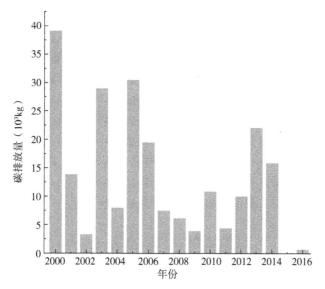

图 5-1 2000—2016 年内蒙古地区碳排放量

表 5-2 火点个数、过火面积、可燃物载量和碳排放关系

项目	火点	火烧面积 （hm²）	可燃物量 （kg）	碳排放 （kg）
火点	1			
火烧面积（hm²）	0.06	1		
可燃物量（kg）	0.908	0.164	1	
碳排放（kg）	0.004	0.363	0.222	1

三、草原火碳排放空间分布特征

综合 2000—2016 年火烧迹地碳排放日数据获取内蒙古草原碳排放总量，分区统计求和得到 2000—2016 年内蒙古草原碳排

放总量，高碳排放区位于地图的东部和中部，低碳排放区位于地图的西部。陈巴尔虎旗旗和东乌珠穆沁旗的碳排放总量最高，超过 $3×10^6$ kg，新巴尔虎左旗、新巴尔虎右旗、额尔古纳市、鄂伦春自治旗、阿尔山和科尔沁右翼前旗其次，碳总排放在 $1×10^6$ ~ $3×10^6$ kg。空白区域表示没有发生草原火，因此该区域的碳排放量为 0。我国对草原火的监测较为及时，且相比森林可燃物载量较少，所以火碳排放量少，从空间分布上看碳排放的地区主要集中在大兴安岭西侧的边境和东乌珠穆旗的边境地区。从空间上来看碳排放呈现出由东向西递减的趋势，边境地区排放量尤为集中，其他部分是点状零散分布。值得注意的是，大兴安岭西侧的边境和东乌珠穆旗的边境地区碳排放量尤为明显。

第四节　本章小结

本章从草原火碳排放估算模型模拟角度出发，利用遥感和 GIS 技术，使用野外采样数据、室内燃烧实验数据、卫星遥感数据和植物类型数据，采用地面燃烧实验与遥感定量反演相结合的方法，建立草原火碳排放估算模型，估算了内蒙古草原 2000—2016 年草原火碳排放量。从微观到宏观，从定性到定量分析了内蒙古过去 17 年里草原火燃烧及其带来的碳排放时空规律特征。主要结论如下。

从草原火碳排放时间分布格局来看，内蒙古草原 2000—2016 年碳排放量总体变化不大，有稍稍下降的趋势。其中，2000 年、2003 年和 2005 年的碳排放量较多，2002 年、2015 年和 2016 年的碳排放量相对较少。此外，通过分析火点个数与碳排放量、过火面积、可燃物载量等进行了相关性分析，发现火点个数与碳排放具有极显著正相关性（$P<0.01$），而火点个数与过火面积、可燃物载量不相关（$P>0.05$），过火面积与可燃物载量、碳排放量不相关（$P>0.05$）。

从草原火碳排放空间分布格局来看，内蒙古草原2000—2016年碳排放分布和过火面积分布空间分布特征相似，集中分布在陈巴尔虎旗、新巴尔虎右旗河和鄂伦春自治旗的右侧，东乌珠穆沁、新巴尔虎旗和阿尔山市碳排放主要是沿着边境线分布，其他部分是点状零散分布。2000—2016年内蒙古地区火带来的碳排放总量为 $2.23 \times 10^7 kg$，年平均碳排放量为 $1.31 \times 10^6 kg$。其中，内蒙古东中部为高碳排放区，向西部递减为低排放区，各县级的火碳排放也存在不均衡现象。整体来看，碳排放呈现出由东向西递减的趋势，边境地区排放量尤为集中，其他部分是点状零散分布。值得注意的是，大兴安岭西侧的边境和东乌珠穆旗的边境地区碳排放量尤为明显。

本研究使用遥感反演和地面实验相结合的方法，建立内蒙古草原火碳排放估算模型，可以估算大面积的草原火碳排放，为全球区域尺度草原火碳排放估算提供借鉴。尽管遥感方法已经一定程度上降低了火碳排放估算的不确定性，但要准确估算碳排放，并参与到全球碳收支与碳平衡的研究中，就必须要对碳排放估算的不确定性进行深入的研究。今后的研究中为提高对可燃物载量的估算精度，有必要使用高时空分辨率、高光谱分辨率的多源遥感数据融合和数据同化技术，将为可燃物载量等草原火碳排放遥感估算关键参量的精确提取提供新的思路和方法，同时需进一步研究与可燃物载量相关的气象要素等环境因子，建立更为精确的关系模型。此外，中国的可燃物载量模型还不够完善，有必要针对国内的可燃物载量分布体系构建可满足遥感应用需求的可靠实用的燃料模型[137]。

第六章 草原火行为模型与分析

草原火行为是研究草原可燃物从被点燃至熄灭为止过程中受气象、可燃物和地形等多要素综合影响表现出的特征和性质。火行为有量变和质变的过程，量变指火的蔓延速度，质变指火的不同发展阶段，即由燃烧过程中各个阶段变化来决定的。草原火蔓延速度、火线强度和火焰长度等指标是草原火行为的主要指标[138]。

火蔓延模型是基于计量模型与数学推导求算出相对简化背景下的火蔓延过程及趋势，构建火行为与气象、可燃物以及地形因子等参数间的定量关系式。常用的火蔓延模型包括 RothermeI 模型、McArthur 模型及 CFFDRS 模型，同时包括适用于中国区域的王正非林火蔓延模型等。本研究在已有成熟模型的基础上开展数据本地化工作，通过野外采样与室内实验相结合，并通过遥感手段实现区域模拟的修正模型。基于文献梳理与可研分析后，本研究选用王正非火蔓延模型进行火行为研究。对王正非模型进行改进后应用该模型进行草原火行为模拟。

第一节 火行为影响因子

为了辨析和较准确地模拟内蒙古草原区草原火蔓延趋势，本研究针对火行为影响因子开展分析，并结合 2016 年 3 月 29 日 3 点 20 分内蒙古锡林郭勒盟东乌珠穆沁旗萨麦苏木巴彦敖包嘎查与陶森宝拉格嘎查境内（116°50′E/46°20′N）距离中蒙边境线 5km 处的草原火开展模型参数的整理与数据处理。

草原可燃物、地形、气象因子等因子影响草原火行为。可燃物被点燃后开始蔓延、扩散的过程主要受可燃物、气象要素、地形等环境条件影响。这些因子的共同作用决定了火行为特征，涉及火蔓延速度、火焰长度、火线强度、火持续时间等。基于此次草原火模拟，草原火行为模型的准确与否主要受上述因子决定，尤其是可燃物因子和风速因子。本研究针对王正非模型，将火行为模型中可燃物因子（可燃物配置格局）、气象因子（风作用项）、地形因子（地形作用项）等开展分析。

一、可燃物因子

草原可燃物是草原火燃烧的物质基础。草原火行为模型构建重点考虑可燃物类型、可燃物量和可燃物含水率等3个可燃物因子。根据已有研究成果及实验数据分析，可燃物类型不同其燃烧时所释放的能量也不同，不同类型的可燃物的易燃程度也不同。可燃物燃烧释放的能量大小主要取决于可燃物量的多少，进而影响火蔓延的趋势。本研究通过东乌珠穆沁旗当地数据收集并结合室内实验获取此次模拟的详尽参数，其中可燃物量是估测潜在能量释放大小的参数。草原可燃物的点燃与蔓延的难易程度与草原可燃物含水率有直接关系，而可燃物的含水量则受降水量、空气湿度、大气温度、风速等气象要素的影响。雨量多、相对湿度大、气温低、风小，含水率就多，相反则少。通过内蒙古典型草原区域样带野外采样，利用室内燃烧实验获取相应参数指标。

二、气象因子

气象因子是草原火发生与蔓延模拟的重要参数，尤其在草原区风速是最大的影响因子。在草原可燃物和火源具备的情况下，草原能否着火，着火后能否成灾，主要取决于火险天气。火险天气就是有利于发生草原火的气象条件，如气温高、降水少、相对湿度低、风大、干旱等。大气的物理现象和物理过程是用许多物理量表示的，能描述出大气的各种状况。本研究收集东乌珠穆沁旗火蔓延及燃烧范围周围25个地方气象站点数据（表6-1），包括10min频率的风向、风速、空气湿度、温度等信息，并作为模型输入的参数因子。

表6-1　案例区周围气象站点信息

区站号	经度(E)	纬度(N)	台站名称	区站号	经度(E)	纬度(N)	台站名称
50819	118.62	46.31	满都宝力格	C2246	116.68	45.98	图木图居民小组
50915	116.97	45.52	东乌旗	C2247	117.04	45.92	巴彦敖包嘎查
C2012	118.05	45.72	道特淖尔苏木	C2248	117.97	46.08	天贺银矿
C2013	115.62	45.21	阿拉坦合力	C2250	118.43	46.65	陶森陶勒盖
C2015	116.19	45.00	额吉淖尔镇	C2251	118.59	46.51	海拉斯台
C2016	118.84	45.47	胡热图苏木	C2252	118.95	46.63	查干陶勒盖
C2017	119.87	46.62	宝格达山林场	C2253	118.95	46.49	乃林高勒
C2020	117.55	45.67	宝拉格苏木	C2254	117.90	46.43	额仁高毕嘎查
C2112	118.30	46.17	嘎海乐苏木	C2255	118.38	45.97	白音宝力格
C2113	118.31	45.52	都日布勒吉社区	C2256	117.79	45.86	罕敖包嘎查
C2132	117.56	45.68	宝拉格社区	C2257	120.13	46.56	海勒斯太
C2241	116.48	45.53	嘎达布其社区	C2258	119.76	46.43	南牧场
C2245	116.51	45.95	汗乌拉嘎查				

　　与草原火关系密切的气象要素主要有气温、风、云、降水、空气湿度等。气象要素的变化情况，直接影响着可燃物的湿度变化和草原火发生的可能性。本研究利用GIS将研究区周围气象数据进行模型格式化处理，作为模型输入参数因子。在草原火的物质基础可燃物和火源等具备的情况下，草原火的蔓

延还受大气温度、风速风向、空气相对湿度等气象因子的影响。草原火行为的主要气象影响因子是空气温度、空气湿度、降水和风速风向等。这些气象要素主要通过影响可燃物湿度状况来影响火行为的特征。其中风速除了影响可燃物湿度外，还通过改变火焰角度、增加着火区的空气流通甚至产生飞火等作用强烈地影响着火蔓延速度，对火行为的影响最大。同时，由于风速和风向的变化快，变率大，对火行为的影响更为复杂，使火行为更难确定、更难模拟和预测。因此，本研究获取研究区周边气象站点数据，消除由于气象波动因素造成的模型模拟不准确性问题。

（一）温度

空气温度是模型模拟的重要参数。空气温度表示空气冷热程度的物理量，使用摄氏（℃）温标作为空气温度的单位。太阳是地球的主要热量来源，但空气的温度受太阳短波辐射影响较小，空气温度主要由地表长波辐射决定。太阳的短波辐射到达地球后，一部分被反射，另一部分被地球表面吸收使地表增温。地面再通过长波辐射、传导和对流把热量传给大气，因此，一天内的空气的最低温度出现在日出之前，日最高气温出现在 14 时左右。空气温度是影响草原火行为的重要气象因子。空气温度主要通过影响火发生的周边环境而间接作用于可燃物，空气温度的快速提升而加速可燃物的干燥程度，提高可燃物的温度[139]，进而促使可燃物较容易点燃。因此，在研究草原火的发生与蔓延时通常选取日最高气温作为一个主要影响指标。

（二）空气湿度

空气湿度的概念是空气中含有水蒸气的多少，尤其是"林缘"草地区域内蒙古典型草原区差异大。在模型计算中涉及几项关键指标，包括绝对湿度（g/m^3）、含湿量 [$g/(kg \cdot$ 干空气）]、相对湿度（RH）等。相对湿度是单位体积空气内实际所含的水气密度（d_1）与同温度下饱和水气密度（d_2）的百分比。

$$RH(\%) = d_1/d_2 \times 100 \qquad (6-1)$$

另一种方法为实际的空气水气压强（p_1）与同温度下饱和水气压强（p_2）的百分比。

$$RH(\%) = p_1/p_2 \times 100 \qquad (6-2)$$

充分辨析空气湿度的关键因子，对分析火行为过程机理与火蔓延模拟具有重要的作用。实际上，空气绝对湿度和空气相对湿度这两个物理量之间函数关系不明显。主要表现为温度越高，水蒸发越快，于是空气中的水蒸气相应增加；相对而言，中午绝对湿度比夜晚大；夏季表现出的绝对湿度比冬季大；空气的饱和水汽压也随着温度的变化发生改变，可能出现中午的相对湿度比夜晚小，冬天的相对湿度比夏季的大。在某一温度时的饱和水汽压可以从查找表获取（不同温度时的饱和水汽压），通过获取气温数据，计算当前空气中的水汽压，进而求算空气的相对湿度。空气相对湿度的日变化主要取决于气温因素，气温变化影响相对湿度增大[140]。空气相对湿度的日变化有一个最高值，出现在清晨；有一个最低值，出现在午后；空气相对湿度的变化能直接影响可燃物的含水量，相对湿度增大，可燃物的含水量就会随之增大；相对湿度减小，可燃物的含水率就会随之减少；空气相对湿度是草原火能否发生以及发生后能否迅速蔓延的重要影响因子；所以很早以前就有人用空气相对湿度这一气象指标来预报草原火的发生。

（三）风

内蒙古草原区地势开阔，地势相对平坦，草原火蔓延的速度对风因子表现出极强的敏感性，本研究对王正非模型的风速更正系数进行了修正。空气的水平运动定义为风。风的形成主要是由于水平方向气压分布不均匀而引起。当相邻两处出现气压不同时，空气将会从高压向低压处移动。风向是指风的来向，表示为8个方位或者16个方位。风速（m/s）指风在单位时间移动的水平距离可以用风力的级数来表示（表6-2）。

表6-2 风力级数

风级和符号	名称	风速（m/s）	陆地物象
0	无风	0.0~0.2	烟直上
1	轻风	0.3~1.5	烟示风向
2	轻风	1.6~3.3	感觉有风
3	微风	3.4~5.4	旌旗展开
4	和风	5.5~7.9	吹起尘土
5	劲风	8.0~10.7	小树摇摆
6	强风	10.8~13.8	电线有声
7	疾风	13.9~17.1	步行困难
8	大风	17.2~20.7	折毁树枝
9	烈风	20.8~24.4	小损房屋
10	狂风	24.5~28.4	拔起树木
11	暴风	28.5~32.6	损毁普遍
12	飓风	32.7~	摧毁巨大

风是草原火发生和蔓延的主要原因之一。风的作用会加速可燃物水分的蒸发，进而直接影响可燃物的含水率[141]。风能分散和降低草原的湿度，加速可燃物干燥，增大草原火发生的可能性。当发生草原火时，风能补充火场的氧气，增加助燃条件，加速燃烧的进程，使火烧得更旺。风能可以改变热对流，增加热平流，促进和加快草原火蔓延的速度。风越大表现出大气乱流越强[142]，火焰越强。当风力特别大时，还容易形成"飞火"现象，在火场外产生新的火源，形成新的火场。焚风还会导致大草原火或特大草原火的发生。风速和风向是草原火蔓延的直接因

素，不仅决定草原火蔓延的速度，而且决定火蔓延面积与方向[143]。

本研究基于 25 个气象站点，将每 10min 气象数据进行插值，时间步长为 3:00—7:00（火发生与熄灭的时间），利用 GIS 距离反比加权法空间差值方法获取风速数据。3:00—7:00 研究区的风向以西风、北风为主，导致了研究区火烧迹地扩散方向为西北至东南方向。

将风向数据按照模型参数输入格式进行处理，处理原则如表6-3 所示。

表6-3 风向、坡向参数化对照表

风向（°）	模型参数赋值
-1.5～-0.5	9
0～22.5	1
22.5～67.5	2
67.5～112.5	3
112.5～157.5	4
157.5～202.5	5
202.5～247.5	6
247.5～292.5	7
292.5～337.5	0
337.5～360	1

基于风向原始数据，按照风向参数化对照表将风向数据进行模型参数格式化处理，并参与草原火蔓延模型模拟。

风向数据格式化处理后发现参数 7（247.5°～292.5°）所占面积是最大的。随着时间的推移参数 7（247.5°～292.5°）先增大后缩小，4:00 和 5:00 的风力是最大的。参数 2（22.5°～67.5°）在火发生初期和末期出现。参数 4（112.5°～157.5°）在整个火蔓延过程中变化幅度较小。

三、地形因子

地形也是影响火行为的主要因子。因为地形可以改变风速、风向、火焰形态和火焰与前方可燃物之间的距离等，从而影响可燃物的燃烧性和火行为。坡度、坡向和坡位都影响着草原火行为。作为地形因素的坡度、坡向影响草原火的蔓延方向和速度。地形主要影响火蔓延的方向与速度。坡度反映了不同的地形因素，影响草原火蔓延[144]。上坡火蔓延速度快，主要表现出坡度越大时蔓延速度越快，火下坡时蔓延速度慢。海拔高度（DEM/数字高程）主要影响防火期长短与可燃物量。凹形或"V"字形的狭窄通道对燃烧的火起到疏导热量的作用，与宽阔的峡谷或凸形地形相比，更容易出现火沿着山坡蔓延。此种地形下，火蔓延速度比预计的火蔓延速度快数倍[18]。另外，地形起伏的差异影响植被分布、可燃物类型等，进而影响生态因子的重新分配，促使火环境有明显的差异，影响热量的传播与草原火蔓延[145]。

本研究获取 10m WorldDEM 数据，并利用 ArcGIS 坡度与坡向模型将其参数化处理，其中坡向按照风向、坡向参数化对照表进行赋值处理，将两个参数作为草原火行为模型输入数据。

第二节　王正非火蔓延模型及其改进

王正非火蔓延模型既适用于森林地区也适用于牧场草原地区（"林缘"草地区模拟）。内蒙古草原高火险区与大兴安岭林区毗邻，气候条件与环境背景相似，本研究选取王正非火蔓延模型开展参数的最优化处理，对其进行修正并开展内蒙古典型区火蔓延的模拟与校验。

一、王正非模型

王正非模型的影响蔓延速度因子涉及 4 个方面，主要包括：初始蔓延速度、可燃物配置格局、地形订正项（坡度、坡向）及风订正项（风向与风速）[146]。其最初的蔓延速度模型为式（6-3），修正模型是式（6-5）：

$$R = R_0 K_s K_w / \cos\varphi \qquad (6-3)$$

$$R = R_0 K_s K_\varphi K_w \qquad (6-4)$$

$$R = R_0 \times K_S \times \exp\{3.533 [tg(\varphi \cdot \cos\theta)]^{1.2}\} \times \exp(Cv) \qquad (6-5)$$

式中，R 为火蔓延速度，单位为米每分（m/min）；R_0 为在无风时的初始蔓延速度，单位为米每分（m/min）；K_S 为可燃物配置格局更正系数；K_φ 为地形坡度更正系数；K_w 为风速更正系数；φ 为地形坡度。

（一）初始蔓延速度 R_0

王正非按照大兴安岭和四川省的数百次火烧实验数据，加上符合预报理论和物理机制的分析推算[84]，其表达式为式（6-6）。

$$R_0 = \frac{I_0 \iota}{H(W_0 - W_r)} \qquad (6-6)$$

式中，I_0 为无风时的火强度，单位为千瓦/平方米（kW/m²）；ι 为开始着火点的位置与火头点之间的距离，单位为米（m）；H 为可燃物的热值，单位为千焦/千克（kJ/kg）；W_0 为可燃物燃烧前的质量，单位为克/平方米（g/m²）；W_r 为可燃物燃烧后剩余的质量，单位为克/平方米（g/m²）。

由于，式（6-6）中的各因子获取都较难。因此，王正非按照大兴安岭和四川省的数百次火烧实验数据，加上符合预报理论和物理机制分析，再加上根据毛贤敏所做的修正，最终获得火蔓延的初速度[147]，表达式为式（6-7）：

$$R_0 = 0.029\ 9T + 0.047W + 0.009(100 - h) - 0.304 \qquad (6-7)$$

式中，T 为每天的最高温度，单位为摄氏度（℃）；W 为中午的平均风力，单位为级；h 为每天的最小相对湿度，单位为百分比（%），可用中午实测值。

（二）可燃物配置格局更正系数

K_S 是可燃物配置格局更正系数，用来表征可燃物的易燃程度（化学特性）及是否有利于燃烧的配置格局（物理特性）的一个订正系数，它随地点和时间而变。整个燃烧范围和燃烧过程中，K_S 可以假定为常数[144]。王正非按照野外实地可燃物配置类型，把它予以参数化（形成 K_S 值查算表 6-4）处理，模型的可操作性较强。

表 6-4　王正非提供的可燃物更正系数（K_S 值）对应表

可燃物类型	K_S 值
平铺针叶	0.8
枯枝落叶	1.2
莎草矮桦	1.8
牧场草原	2.0
红松/华山松/云南松等	1.0

（三）风作用系数 K_w

4 个主要因子中，风因素是最难处理的一个，受地形、气候、时间等诸多因素影响；其中，风与地形共同作用使问题更为复杂。风主要表现为直接影响火蔓延速度，通过供应氧气，促使可燃物燃烧的充分性。目前，在已有火模型的研究中，针对风因素的处理均过于简单，甚至不予考虑风因素，尤其是风向因素参与模型计算条件几乎未提及[146]。王正非模型中，风作用系数 K_w 直接关乎火蔓延模拟趋势的准确性。风因素影响草原火蔓延速度，尤其在地形复杂区域更为困难。根据文献资料与实际情况分析，风速的增加导致风作用系数 K_w 越大，反之越小。据毛贤敏[148]研究 K_w 与风速 v 呈指数关系，可用以下公式拟合：

$$K_w = \exp(c \cdot v \cdot \cos\theta) \tag{6-8}$$

其推算过程如下：

$$K_w \propto v \tag{6-9}$$

则有

$$\triangle K_w \propto \triangle v \tag{6-10}$$

设它们的比值与当时的状况有关，则理应有

$$\triangle K_w = c\,K_w\,\triangle v \tag{6-11}$$

式中，c 为常数，整理后，两边积分，得：

$$\triangle K_w = c\,K_w\,\triangle v \tag{6-12}$$

$$\int \frac{K_w}{K_w} = \int c\mathrm{d}v \tag{6-13}$$

$$K_w = K_0 \mathrm{e}^{cv} \tag{6-14}$$

$$\begin{cases} K_w = 1 & v = 0 \\ K_w = \mathrm{e}^{cv} & v > 0 \end{cases} \tag{6-15}$$

式（6-6）仅对上坡和顺风上坡情况下适用，但实际更为复杂。发生草原火时，由于风受地形地貌的影响形成局地区域气候，风向角度会发生变化，毛贤敏[148]综合考虑了地形与风向的关系，构建地形与风因素的关系模型。如图 6-1 所示，O 为着火点，U 为顶峰处（地形山顶），图 6-1 中，$\overrightarrow{OU}$ 代表上坡方向，$\overrightarrow{OR}$ 代表右平坡，$\overrightarrow{OL}$ 代表左平坡，$\overrightarrow{OD}$ 代表下坡方向；$\overrightarrow{OV}$ 或 $\overrightarrow{OV'}$ 分别代表不同风向，前者代表向风向为上坡方向，后者代表风向为向下坡方向。$\overrightarrow{OU}$ 与 OV（$\overrightarrow{OV'}$）的夹角为 θ（以顺时针方向计算，按照 $\overrightarrow{OU}$ 顺时针方向旋转 $\overrightarrow{OV}$ 或 $\overrightarrow{OV'}$）方位时，设定旋转的角度即为 θ。因此实际使用的风速更正系数 K_w 在上坡方向的投影为

$v \cdot \cos\theta$。对于下坡，采用负指数抑制作用，$v \cdot \cos(180-\theta)$，表示了风速在下坡方向上的投影。对于不同风的方向蔓延火的风作用系数 K_w 假设为全风速状况下。因此，式（6-12）分解成 5 个方向的 K_w。

$$K_{w(\text{上坡})} = \exp(c \cdot v \cdot \cos\theta) \qquad (6-16)$$

$$K_{w(\text{下坡})} = \exp[c \cdot v \cdot \cos(180°-\theta)] \qquad (6-17)$$

$$K_{w(\text{左平坡})} = \exp[c \cdot v \cdot \cos(\theta+90°)] \qquad (6-18)$$

$$K_{w(\text{右平坡})} = \exp[c \cdot v \cdot \cos(\theta-90°)] \qquad (6-19)$$

$$\begin{cases} K_{w(\text{风方向})} = \exp(c \cdot v) \text{，当 } 0°\leqslant\theta\leqslant90° \text{ 或 } 270°\leqslant\theta\leqslant360° \\ k_{Kw(\text{风方向})} = \exp(c \cdot v) \text{，当 } 90°<\theta<270° \end{cases}$$
$$(6-20)$$

式（6-16）至式（6-20），为可燃物配置系数，为风速，为上坡方向做顺时针方向旋转与风向重合后转动的角度（图6-1）。

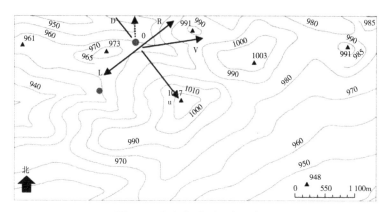

图6-1　风向与地形组合示意图

（四）地形坡度更正系数 K_φ

K_φ 为地形坡度更正系数，地形对火蔓延速度具有重要影响；

火蔓延时，上坡与下坡的蔓延速度详查达数十倍[148]。关于地形坡度更正系数计算已有研究成果如下：

$$K_\varphi = \frac{1}{\cos\varphi} \qquad (6-21)$$

式中，φ 为火蔓延区的平均坡度。本研究根据加拿大瓦格纳开展的实验验证数据，分析出地形对火蔓延速度有正（负）增益作用，表现出线性关系不明显。瓦格纳实验数据所获取的火蔓延因子斜面长度[149]的关系式为：

$$SF = e^{3.533}\left(\frac{\partial}{100}\right)^{1.2} \qquad (6-22)$$

式中，∂ 为斜地面每百米上升的高度，单位为米（m），SF 为蔓延因子。后期研究成果为增加其可操作性，通过数学推理将公式衍生为：

$$K_\varphi = \exp(3.533\tan\varphi)^{1.2} \qquad (6-23)$$

式中，φ 代表地形坡度，单位为度（°）。因为实际上，SF 即为地形订正项 K_φ（当 $\partial = 0$，式中 $\varphi = 0$ 时，均为 1，不起作用）。通过瓦格纳的实验数据获得关系式与加拿大的火蔓延因子显示的结果是一致的[150]（表6-5）。

表6-5 地形坡度更正值 K_φ 对照表

坡度（°）	K_φ 值	坡度（°）	K_φ 值	坡度（°）	K_φ 值
$-42 \sim -38$	0.07	$-12 \sim -8$	0.83	$18 \sim 22$	2.9
$-37 \sim -33$	0.313	$-7 \sim -3$	0.9	$23 \sim 27$	4.1
$-32 \sim -28$	0.21	$-2 \sim 2$	1	$28 \sim 32$	6.2
$-27 \sim -23$	0.32	$3 \sim 7$	1.2	$33 \sim 37$	10.1
$-22 \sim -18$	0.46	$8 \sim 12$	1.6	$38 \sim 42$	17.5
$-17 \sim -13$	0.63	$13 \sim 17$	2.1		

（五）王正非模型最终组合

基于王正非的模型，结合毛贤敏等研究成果，充分考虑风向和地形关系，将王正非模型优化适用于上坡和风顺着向上坡的情况的 5 个方向的组合模型。

$$R_{上坡} = R_0 \times K_S \times \exp\left[3.533(\mathrm{tg}\varphi)^{1.2}\right] \times \exp\left[c \cdot v \cdot \cos\theta\right]$$

$$(6-24)$$

$$R_{下坡} = R_0 \times K_S \times \exp\left(-3.533(\mathrm{tg}\varphi)^{1.2}\right) \times \exp\left[c \cdot v \cdot \cos(180°-\theta)\right]$$

$$(6-25)$$

$$R_{左平坡} = R_0 \times K_S \times \exp\left[c \cdot v \cdot \cos(\theta+90°)\right] \quad (6-26)$$

$$R_{右平坡} = R_0 \times K_S \times \exp\left[c \cdot v \cdot \cos(\theta-90°)\right] \quad (6-27)$$

$$\begin{cases} R_{风方向上坡} = R_0 \times K_S \times \exp\left\{3.533\left[\mathrm{tg}(\varphi \cdot \cos\theta)\right]^{1.2}\right\} \times \exp\left[c \cdot v\right], \\ \quad 当\ 0°\leqslant\theta\leqslant90°或\ 270°\leqslant\theta\leqslant360° \\ R_{风方向下坡} = R_0 \times K_S \times \exp\left\{-3.533\left[\mathrm{tg}(\varphi \cdot \cos(180°-\theta))\right]^{1.2}\right\} \\ \times \exp(c \cdot v),当\ 90°<\theta<270° \end{cases}$$

$$(6-28)$$

式中，R_0 为初始蔓延速度，本参数可以在实验室实测得到，也可通过气象要素的拟合求得；Ks 为可燃物配置系数；v 为风速；θ 为上坡方向做顺时针方向旋转与风向重合后转动的角度；φ 为坡度角；c 可根据实验确定，毛贤敏依据王正非的文献里数据求得 $c=0.1783$。

模型建立过程中考虑 4 个因素：初始蔓延速度、可燃物配置格局、风速和地面的平均坡度。本研究采用王正非火蔓延模型，在王正非模型的基础上再对其模型参数进行修正，使模型更加适用于内蒙古草原高火险区。

二、模型的适宜性分析

问题一：王正非教授根据大兴安岭地区山火蔓延相关数据进

行分析得到山火蔓延预测模型。但此模型应用地点为"林缘"草地区域，针对内蒙古草原区域开展模拟具有局限性。主要原因包括两个方面：①"林缘"草地区与草原区差异较大，主要表现为可燃物特征（湿度、可燃物量、类型）差异大，因此需要修正；②"林缘"草地区地形地貌较草原区复杂，草原区地势平坦，风的作用更为明显，因此需要修正。

问题二：模型参数本地化的依据为王正非模型中可燃物配置格局K_S被假定为常数，模型模拟过程中未考虑可燃物配置更正系数的区域异质性，不能准确地反映内蒙古草原区真实的状况。针对此问题，基于 GIS 尺度推移方法开展可燃物配置更正系数修正（参数化形成 K_S 值查算表 6-4）可燃物配置格局进行优化和修正。

问题三：在火模拟过程中，模拟与真实的火蔓延之间存在较大的误差，基于模型的参数本底化可以使模型模拟的趋势更为准确。王正非模型中，风作用系数（K_w）直接关乎火蔓延模拟的趋势准确性。基于毛贤敏推导出的风速更正系数公式 $K_w = \exp(c \cdot v \cdot \cos\theta)$ 中 v 为风速，常数 c 通过实验数据获取。应当对草原火蔓延机理分析，并协同开展风作用参数获取，实现提升火蔓延模拟模型精度。

在火模拟过程中，模拟与真实的火蔓延之间存在较大的误差，基于模型的参数本底化可以使模型模拟的趋势更为准确。在草原火蔓延模拟过程中，可燃物（易燃程度）、气象（风）和地形等直接影响草原火蔓延的模拟精度。采用的模拟模型都是基于一定物理、数学理论，将草原火蔓延的复杂状况进行抽象和简化后用公式进行表达的，因此，无法完全真实的模拟草原火的蔓延。误差的产生是不可避免的，关键是通过对误差的比对与分析，获取误差主要来源，尽可能减小由各种因素影响所产生的误差。基于草原火行为模拟结果表现出的不同形式，误差的差异也是不一致的,主要包括有位置误差、草原火线长度误差、火场形状、火场面积、蔓延速度误差等几种表现形式。而火场形状、位置误差、火场面积、草原火线长度误差等几项因素,主要是由草原火蔓延的速度决定。因此,针对可燃物配置格局系数 K_s 和风速更正系数[147] K_w 两项指标的优化和修正对模型模拟精度的提升具有重要的意义。

三、模型的改进

(一) 草原火蔓延风速更正系数 K_w

王正非模型中,风作用系数 K_w 直接影响火蔓延模拟的趋势准确性。基于毛贤敏推导出的风速更正系数公式 $K_w = \exp (c \cdot v \cdot \cos\theta)$ 中 v 为风速,常数 c (0.178 3) 通过实验数据获取。王正非模型是基于大兴安岭地区的火场实验获取的风作用系数与风速之间的关系表,进而说明毛贤敏的风作用系数修正参数只适合于大兴安岭地区,其他区域开展此项研究时,需要根据实际情况开展基于实验数据的修正[147]。

通过研究发现,当 $c = 0.178 3$ 直接应用于内蒙古草原区域后,火蔓延速度与遥感同步观测速度相差约 10 倍。根据文献资料与实际情况分析,在一定区域内 (七级风以下),风速的增加导致风作用系数 K_w 越大,反之越小。因此,针对内蒙古典型草原区域修正风速更正系数 K_w。

内蒙古属温带大陆性季风气候,处于北半球盛行的西风带上,草原上覆盖的丰富可燃物遇到火源,由于草原开阔 (地形平坦),河流少,气候干燥、风大、火势猛,速度快,火头高,火借风势迅速蔓延。本研究结合数据获取草原火发生的同步观测数据,获取此项草原火实际发生时间与蔓延过程,进而推算草原火蔓延速度 v_0,获取常数 c ($c = 0.35$) 值,对 K_w 风作用系数进行修正。

因王正非模型最终组合公式（6-5）和毛贤敏推导出公式（6-29）公式如下：

$$R_{\text{风方向上坡}} = R_0 \times K_S \times \exp\{3.533\ [\text{tg}(\varphi \cdot \cos\theta)]^{1.2}\} \times K_w \tag{6-29}$$

$$K_w = \exp(c \cdot \cos\theta)$$

通过上面两个公式整合，推导出公式：

$$K_w = \frac{R_{\text{风方向上坡}}}{R_0 \times K_S \times \exp\{3.533\ [\text{tg}(\varphi \cdot \cos\theta)]^{1.2}\}} \tag{6-30}$$

依据模型式（6-8）和式（6-30）求算 c 值，整理后获取常数 c 值。

$$c = \frac{\ln K_w}{v \cdot \cos\theta} \tag{6-31}$$

$$c = \frac{\ln R_0 \times K_S \times \exp\{3.533\ [\text{tg}(\varphi \cdot \cos\theta)]^{1.2}\}}{v \cdot \cos\theta} \tag{6-32}$$

最终获取适宜内蒙古草原区火蔓延模拟的风速更正系数 K_w（表6-6）：

$$K_w = \exp(0.35\cos\theta) \tag{6-33}$$

式中，$R_{\text{风方向上坡}}$ 为实际火速，R_0 由式（6-20）获得，K_S 取值为2（王正非提供的值），φ 为坡度角，θ 为上坡方向做顺时针方向旋转与风向重合后转动的角度，v 为风速。

表6-6　基于卫星同步观测的各项因素获取及 c 值测算结果

c	Himawari-8 获得的速度 R	R_0	K_S	v	φ	θ	T	W	h
0.35	13.6	0.84	2	14	2.4	0	10	2	5

（二）优化可燃物配置格局系数 K_S

在王正非模型中 K_S 是用来表征可燃物的易燃程度（化学特

性）及是否有利于燃烧的配置格局（物理特性）的一个订正系数。基于王正非林火蔓延模型，按照野外实地可燃物配置类型将K_S予以参数化，最终获取K_S值查找表[151]，K_S被假定为常数，牧场草原地区的假定值为2。从研究背景上，草原区植被类型多样，内蒙古草原区假定K_S系数被设定为2，其模拟结果势必不能较好的模拟内蒙古草原火蔓延的趋势，影响模型模拟精度。

内蒙古地域辽阔，占全国国土面积12.2%。其中天然草原面积占内蒙古国土面积的58%，具有草甸草原、典型草原、荒漠草原、草原化荒漠等多种草地类型，易燃性草地（草甸草原和典型草原）面积大，草地植被组合配置不同，因此可燃物配置类型不同。王正非模型燃料的配置格局（物理特性）K_S是用来表征可燃物的易燃程度（化学特性）是一个订正系数，但基于假定值为$K_S = 2$直接参与模型模拟，未能体现植被类型组合（可燃物）配置多样性。因此，本研究基于野外调查、生物量分布、植被遥感信息提取等手段综合对K_S系数进行修正和改进。

依据野外采样及室内燃烧实验（第三章第三节）的可燃物燃烧难易度评价结果，将内蒙古草原高火险区由王正非模型的一个常数$K_S = 2$细分为5个等级（表6-9）。历史火场火蔓延速度影响因子数据为输入数据，如表6-7所示，利用王正非组合式（6-24）和组合式（6-28）计算K_S值。火蔓延速度影响因子和K_S值回归最后得到表6-8的回归模型，利用回归模型、燃烧难易程度评价值、植被类型图和实验数据可制作内蒙古草原高火险区可燃物配置格局更正系数图。

表6-7 计算可燃物配置格局系数 K_S 的实验数据

草地类型	优势牧草	燃烧难易程度评价值	Himawari-8获取的速度（m/min）	初始速度（m/min）	坡度（°）	风速（m/s）	可燃物量（g/m²）
典型草原	克氏针茅、冷蒿	0.36/0.444	12.0	0.84	2.2	13	338
	克氏针茅、狭叶锦鸡儿	0.36/-0.232	12.3	0.84	2.7	13	300
	大针茅、隐子草	0.506/-0.096	13.0	0.84	3.4	13	320
	克氏针茅、短花针茅	0.363	14.1	0.84	5.0	13	350
	大针茅、羊草	0.506	12.3	0.84	1.8	13	355
典型草原	羊草、针茅	-0.585	9.3	0.90	4.3	12	270
	羊草、大针茅	-0.648	13.0	0.90	4.3	12	210
	羊草、大针茅、克氏针茅	0.541	12.0	0.90	1.8	13	268
	羊草、大针茅、克氏针茅	0.541	4.4	0.90	3.1	10	300
	羊草、大针茅、克氏针茅	0.541	5.0	0.90	6.3	10	200
典型草原	羊草、冷蒿	-0.738	5.2	0.84	1.8	11	390
	羊草、冷蒿	-0.738	5.2	0.84	3.1	11	270
	隐子草、狗尾、冷蒿	-0.216	7.6	0.84	2.3	12	400
	隐子草、狗尾、冷蒿	-0.216	2.5	0.84	1.3	9	350
	隐子草、狗尾、冷蒿	-0.216	5.0	0.84	9.3	10	260
林缘杂类草草甸	羊草、中生杂类草	-0.328	2.2	0.83	2.0	9	550
	贝加尔针茅	-0.123	2.6	0.83	5.0	9	600
	扁蓿豆、薹草	-0.429	1.2	0.83	3.0	7	700
	羊草、贝加尔针茅	-0.328	1.9	0.83	6.0	8	650
	贝加尔针茅、羊草	-0.123	0.9	0.83	6.0	6	300

（续表）

草地类型	优势牧草	燃烧难易程度评价值	Himawari-8获取的速度（m/min）	初始速度（m/min）	坡度（°）	风速（m/s）	可燃物量（g/m²）
低湿地植被	塔头薹草	-0.429	4.1	0.83	6.0	12	550
	塔头薹草	-0.429	6.5	0.83	5.0	12	700
	塔头薹草	-0.429	6.0	0.83	3.0	12	750
	塔头薹草	-0.429	6.5	0.83	4.0	12	850
	马兰、禾草、薹草	-0.429	7.1	0.83	5.0	12	1 000

表6-8　不同可燃物配置（优势种、可燃物量）的 K_S 回归模型

草地类型	优势牧草	回归方程	R^2
典型草原	克氏针茅、冷蒿 克氏针茅、狭叶锦鸡儿 大针茅、隐子草 克氏针茅、短花针茅 大针茅、羊草	$y = 0.001\ 3x + 1.970\ 1$	$R^2 = 0.369\ 1$
典型草原	羊草、针茅 羊草、大针茅 羊草、大针茅、克氏针茅 羊草、大针茅、克氏针茅 羊草、大针茅、克氏针茅	$y = 0.000\ 5x + 2.069$	$R^2 = 0.837\ 3$
典型草原	羊草、冷蒿 羊草、冷蒿 隐子草、狗尾、冷蒿 隐子草、狗尾、冷蒿 隐子草、狗尾、冷蒿	$y = 0.000\ 8x + 1.787\ 5$	$R^2 = 0.942\ 1$
林缘杂类草草甸	羊草、中生杂类草 贝加尔针茅 扁蓿豆、薹草 羊草、贝加尔针茅 贝加尔针茅、羊草	$y = 0.000\ 3x + 1.645\ 5$	$R^2 = 0.795\ 4$

（续表）

草地类型	优势牧草	回归方程	R^2
低湿地植被	塔头薹草 塔头薹草 塔头薹草 塔头薹草 马兰、禾草、薹草	$y = 0.003\,2x - 1.084$	$R^2 = 0.621\,2$

注：x 为燃烧难易程度评价值，y 为 K_S 回归值。

表6-9　可燃物更正系数 K_S 值对应表

草地类型	优势牧草	草地类型亚类 （可燃物类型主要配置）	可燃物更正系数 K_S 值
典型草原	克氏针茅、冷蒿	克氏针茅草原	2.2~2.8
	克氏针茅、狭叶锦鸡儿	克氏针茅草原	2.2~2.8
	大针茅、隐子草	大针茅草原	2.2~2.8
	克氏针茅、短花针茅	克氏针茅草原	2.2~2.8
	大针茅、羊草	大针茅草原	2.2~2.8
	羊草、针茅	羊草、针茅、丛生禾草草原	2~2.2
	羊草、大针茅	大针茅草原	2~2.2
	羊草、大针茅、克氏针茅	羊草、丛生禾草草原	2~2.2
	羊草、冷蒿	羊草、丛生禾草草原	2~2.2
	隐子草、狗尾、冷蒿	隐子草、冷蒿退化草原	2~2.2
林缘杂类草草甸	羊草、中生杂类草	羊草、中生杂类草	2~2.2
	贝加尔针茅	贝加尔针茅、杂类草草原	1.6~1.8
	扁蓿豆、薹草	杂类草、薹草林缘草甸	1.6~1.8
	羊草、贝加尔针茅	羊草、中生杂类草甸草原	1.6~1.8
	贝加尔针茅、羊草	贝加尔针茅、杂类草草原	1.6~1.8
低湿地植被	塔头薹草	塔头薹草	1~1.6
	马兰、禾草、薹草	马兰、禾草、薹草	1~1.6

（三）基于王正非模型的草原火蔓延模型方程组

求得上述获得的风订正项后最后构建基于王正非模型的草原火蔓延模型方程组如下：

$$R_{上坡} = R_0 \times K_S \times \exp\left[3.533(\mathrm{tg}\varphi)^{1.2}\right] \times \exp(0.35 \cdot v \cdot \cos\theta)$$

$$(6-34)$$

$$R_{下坡} = R_0 \times K_S \times \exp\left[-3.533(\mathrm{tg}\varphi)^{1.2}\right] \times \exp\left[0.35 \cdot v \cdot \cos(180°-\theta)\right]$$

$$(6-35)$$

$$R_{左平坡} = R_0 \times K_S \times \exp\left[0.35 \cdot v \cdot \cos(\theta+90°)\right] \quad (6-36)$$

$$R_{右平坡} = R_0 \times K_S \times \exp\left[0.35 \cdot v \cdot \cos(\theta-90°)\right] \quad (6-37)$$

$$\begin{cases} R_{风方向上坡} = R_0 \times K_S \times \exp\left\{3.533\left[\mathrm{tg}(\varphi \cdot \cos\theta)\right]^{1.2}\right\} \times \exp(0.35v), \\ \text{当 } 0°\leqslant\theta\leqslant90° \text{ 或 } 270°\leqslant\theta\leqslant360° \\ R_{风方向下坡} = R_0 \times K_S \times \exp\left\{-3.533\left[\mathrm{tg}(\varphi \cdot \cos(180°-\theta))\right]^{1.2}\right\} \\ \times \exp\left[0.35v\right], \text{当 } 90°<\theta<270° \end{cases}$$

$$(6-38)$$

式中，R_0 为初始蔓延速度，它可以在实验室实测得到，也可通过气象要素的拟合求得。K_S 为可燃物配置系数，v 为风速，θ 为上坡方向做顺时针方向旋转与风向重合后转动的角度，φ 为坡度角，c 为 0.35。

四、模型精度检验

为验证修正后的王正非模型的准确程度，本研究选择东乌珠穆沁旗萨麦苏木接连发生的两起不同时间段上的草原火。该研究区地处中蒙边境，与蒙古国马塔德苏木与哈拉哈河毗邻。边境旗县东乌珠穆沁旗位于蒙古高原上草原火最为频发的区域。研究区地处典型草原区，植被状况好，可燃物量充分，地域广阔人口密度低[70]，春秋两季干旱、多风等区域特性明显，特殊的气候与自然条件决定了该区域是蒙古高原草原火发生最为严重的地区之一[70]。基于 2016 年 3 月 29 日和 3 月 30 日的萨麦草原大火，开展火蔓延模拟及火行为特征研究。

本研究获取了草原火发生期间的日本 Himawari-8/AHI 气象

卫星数据、Landsat8/OLI 陆地观测数据以及常规气象数据和基础数据。其中，Himawari-8 数据主要特点为时间分辨率高，监测全球信息周期为10min，利用此数据可以精确地监测和提取到火点的移动方向、移动路径以及移动速度等信息，因此本研究采用Himawari-8 卫星遥感数据提取的火烧迹地数据火蔓延速度模型模拟验证，评估预测精度。

基于 Himawari-8 卫星遥感数据获取草原火模拟验证数据。将 Himawari-8 数据的第7、第4、第3通道融合，可较好地反映火发生范围，深红色代表过火区，鲜红色代表明火区。根据 Himawari-8 火蔓延过程监测数据（图6-2）获取火线移动距离和速度，时间3:20—5:50区间，火线移动距离、平均速度见表6-10；随着时间的增加，火线移动距离和评价速度呈下降态势，最后至火蔓延结束。结合中高分辨率的 Landsat8/OLI 遥感影像图，监测过火面积等信息，从图像上主要表现出黑褐色区域为过火区，可以明确地看出过火区的轮廓范围，提高火过程监测的准确性。

表6-10   火线移动平均速度和距离

项目时间	平均速度（km/min）	火线移动距离（km）
3:20—3:50	0.214	6.43
3:50—4:20	0.209	6.28
4:20—4:50	0.153	4.60

基于王正非火速模型的改进，并利用 Himawari-8 数据与 Landsat8/OLI 开展模型模拟的参数分析与验证工作。通过火蔓延速度模拟与基于遥感信息获取的各项参数对比，分析出改进模型的计算结果与遥感同步观测数据一致。实验数据见表6-11。

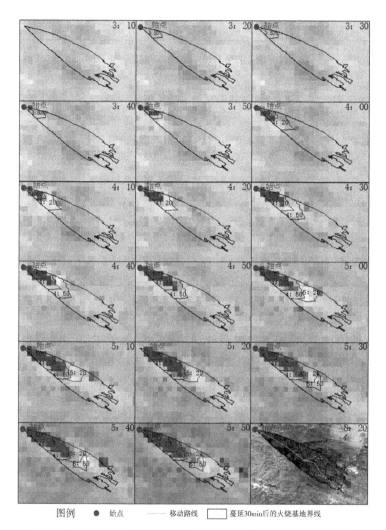

图例　● 始点　——— 移动路线　☐ 蔓延30min后的火烧基地界线

图6-2　基于 AHI/Himawari-8 火产品数据中提取火蔓延实况图

表 6-11　模型模拟火蔓延速度与实测火蔓延速度对比表

时间	坡位	φ	K_S	时间	坡位	φ	K_S	时间	坡位	φ	K_S
	上坡	1.638	2.4		上坡	1.929	2.0		下坡	1.239	2.0
	上坡	1.990	2.4		上坡	2.153	2.0		下坡	0.993	2.0
	上坡	0.269	2.4		上坡	1.910	2.0		下坡	1.180	2.0
	上坡	5.185	2.4		上坡	5.990	2.4		下坡	2.800	2.0
3:20— 3:50	上坡	2.186	2.4	3:50— 4:20	上坡	3.818	2.4	4:20— 4:50	下坡	5.400	2.4
	上坡	2.020	2.4		下坡	2.893	2.4		下坡	1.700	2.4
	上坡	3.051	2.4		下坡	1.786	2.0		下坡	1.270	2.4
	上坡	2.450	2.4		下坡	1.780	2.0		下坡	2.890	2.4
	上坡	1.586	2.4		下坡	1.239	2.0		下坡	2.650	2.4
	上坡	1.845	2.0		下坡	1.84	2.0				

火蔓延速度计算参数：$R_0=0.84\text{m/min}$；$v=12\text{m/s}$；坡向西北；风向 WWN；$\theta=10$；$T=10℃$；$W=2$ 级风；$h=5\%$。

　　根据王正非火速模型模拟值与卫星遥感监测结果对比分析可知：以上预测的 3 个时段的计算结果与监测结果对比误差小于 10%，因此，通过实验可知，模拟误差修正结果精度具有一定的可靠性（表 6-12）。

表 6-12　蔓延速度计算值与 AHI/Himawari-8 测到的火蔓延速度对比表

时间	AHI/Himawari-8 测到的速度 (km/min)	计算值 (km/min)	误差值 (km/min)	AHI/Himawari-8 观测距离 (km)	计算值 (km)	误差值 (km)
3:20—3:50	0.214	0.200	0.014	6.43	6.00	0.43
3:50—4:20	0.209	0.191	0.018	6.28	5.73	0.55
4:20—4:50	0.153	0.164	−0.011	4.60	4.92	−0.32

第三节 草原火行为参数计算

一、火蔓延速度计算

草原火蔓延速度是指草原火发生后在特定环境条件下单位时间内草原火扩展与蔓延的距离。草原火蔓延速度受可燃物、气象因子和地形因子等多种因素综合影响。草原火蔓延速度是火行为最主要的研究内容之一。草原火的蔓延速度可通过野外实测、卫星遥感影像上量测、经验方法和草原火蔓延数学模型中获得。

草原火蔓延速度包括 3 种类型，包括火线速度、面积速度及周长速度。火线速度通常以距离除以时间来计算，单位为 m/min 或 km/h。面速度 km²/min 或 hm²/h 表示为火场面与时间的比值，获取单位时间内的燃烧面积。周长速度 m/min 或 km/h 以单位时间内火烧周边增加来表示[152]。

（一）火线速度计算

在火行为的蔓延速度研究中主要研究火线速度。火线速度按照火扩展方向与风向之间的关系又分为头火速度、尾火速度和侧翼火速度。头火的火焰移动方向与风向相同，尾火的方向则与风向相反，侧翼火的火焰移动方向与风向垂直。不同可燃物类型，其蔓延速度有很大的不同[153]。火线速度 L_v 用火头的蔓延速度代替，以单位时间内火线向前推进的距离来表示，其计算表达式为如式（6-39）：

$$L_v = \frac{\Delta L}{\Delta t} \tag{6-39}$$

式中，ΔL 为火线推进的距离，Δt 为时间距离。

结合遥感监测数据，测算不同时段火线速度和火线推进距离（表6-13），为模型修正提供重要依据。

表6-13 不同时段火线速度和火线推进距离

时间	火线速度（km/min）	火线推进距离（km）
3:20—3:50	0.214	6.43
3:50—4:20	0.209	6.28
4:20—4:50	0.153	4.60

　　基于改进后王正非模型［式（6-34）、式（6-38）］，利用遥感监测实测参数及模型修正参数开展火速模拟（图6-3），测算上坡与下坡的火蔓延速度。

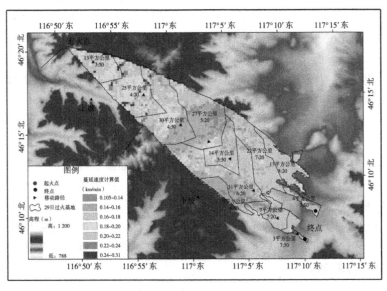

图6-3 王正非模型改进后的火速度模拟图

　　整个火蔓延移动路径由西北向东南延伸。起火点位于图上的西南侧，在3:20—4:20的火蔓延速度是最快的，最高速度达到了0.24~0.31km/min，该地是上坡火速传播速度较快。越过山顶火蔓延速度降低，在西南侧熄灭。火蔓延速度的低值位于火蔓延模拟图的中部，速度在 0.105~0.14km/min。

（二）面积速度计算

面速度 S_v 即火场面积除以时间，得出单位时间内的燃烧面积，以 m^2/min 或 hm^2/h 来表示，其计算表达式如下：

$$S_v = \frac{\Delta S}{\Delta t} \tag{6-40}$$

式中，ΔS 为火场面积，Δt 为时间距离。

利用草原火遥感同步监测卫星数据，获取不同时段火蔓延速度实况（图6-4），进而测算增加火场面积情况（表6-14、图6-4）。

表6-14　不同时段火面积速度和增加火场面积

时间	面积速度（km²/h）	增加火场面积（km²）
3:20—3:50	26.469	13.235
3:50—4:20	49.698	24.849
4:20—4:50	59.504	29.752
4:50—5:20	54.641	27.320
5:20—5:50	27.020	13.510
5:50—6:20	61.707	30.853

通过计算得出在 5:50—6:20 火蔓延面积速度为 61.707km²/h，增加火场面积为 30.853km²；4:20—4:50 的面积速度变化为 59.504km²/h，火场增加面积为 29.752km²；次之为 4:50—5:20 时间段面积变化为 54.641km²/h，火场增加面积为 27.320km²/h。

（三）周长速度

周长速度以单位时间内火烧周边增加来表示，单位为 km/h。其计算表达式如下：

$$r_v = \frac{\Delta L}{\Delta t} \tag{6-41}$$

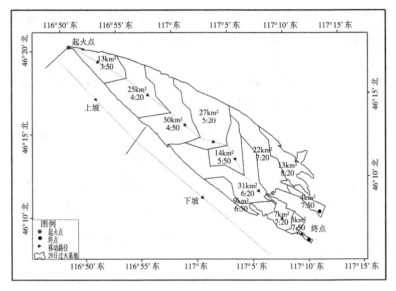

图6-4 不同时间段燃烧面积

式中，ΔL 为周边增加，Δt 为时间距离。

利用遥感卫星同步监测草原火发生状况，进而利用公式（6-41）测算不同时段火蔓延周长速度与周边增长长度（表6-15）。在5：50—6：20 火蔓延周长速度为 58.919km²/h，增加周边长度为 29.460km²；4：20—4：50 的火蔓延周长速度为 43.581km²/h，增加周边长度为 21.791km²；次之为 4：50—5：20 时间段火蔓延周长速度为 33.625km²/h，增加周边长度为 16.813km²/h。

表6-15 不同时段火蔓延周长速度与周边增加长度

时间	周长速度（km/h）	周边增加（km）
3：20—3：50	38.577	19.288
3：50—4：20	40.810	20.405
4：20—4：50	43.581	21.791
4：50—5：20	33.625	16.813

（续表）

时间	周长速度（km/h）	周边增加（km）
5：20—5：50	27.040	13.520
5：50—6：20	58.919	29.460

二、火强度计算

火强度是指可燃物燃烧时火的热量释放速度。火强度大小直接关系到火对草原生态系统的影响程度。火线强度表示为火头从前至后到1m宽的可燃物床在单位时间内释放的热量[154]。首先，风速是影响草地火强度最显著的因子，两者关系表现出显著正相关。其次，可燃物总量是影响火强度的另一个显著因子，两者关系呈正相关；最后，可燃物床高度是影响火强度的第三个显著因子，两者关系表现出正相关；其余因子对火强度的影响效果不显著。采用逐步回归方法，建立了如下式所表示的晴天时火强度 I 与风速 $U_{1.5}$、可燃物量 W_T 的回归方程[155]：

$$\begin{cases} R=1.39+1.91\,U_{1.5} \\ I=-2911+785\,U_{1.5}+22.5\,W_T \end{cases} \quad (6-42)$$

由式（6-42）得知：

$$I=-348\,2+411R+22.5\,W_T \quad (6-43)$$

式中，I 为火强度，单位为千瓦每米（kw/m）；$U_{1.5}$ 为风速，单位为米每秒（m/s）；W_T 为可燃物总量，单位为克每平方米（g/m^2）；R 为火蔓延速度，单位为米每秒（m/s）。

基于上述公式，结合基础地理与遥感监测数据，测算不同时间段火线强度（图6-5）。

从图6-5可看出起火点到上坡全部和火蔓延中部的火强度较大，范围在3 000~5 000kW/m；在下坡的中部位置，零散分布着火强度较大的值，火强度最大值为7 000~8 700kW/m。在海拔较高的地区火强度值较大。

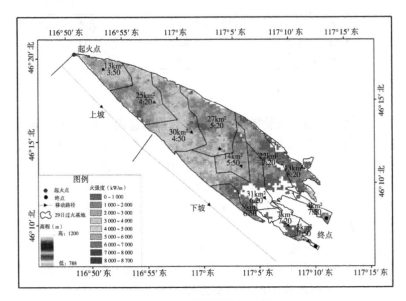

图 6-5 不同时间段火强度图

三、火焰长度计算

火焰长度指一个蔓延地表火火头内火焰长度，即从活动的燃烧区的中点到火焰的平均尖端的距离。Byram 同时提出了利用火线强度计算火焰长度的公式[156]。

$$L_f = 0.45I^{0.46} \qquad (6-44)$$

式中，I 为火线强度，单位为英热单位每英尺每秒 [Btu/(ft·s)]；L_f 为火焰长度，单位为英尺 (ft)。转换为国际单位，式 (6-45) 则转换为：

$$L_f = 0.237I^{0.46} \qquad (6-45)$$

式中，I 为火线强度，单位为千焦每米每秒 [kJ/(m·s)]；L_f 为火焰长度，单位为米 (m)。

基于上述公式，结合基础地理与遥感监测数据，测算不同时间火焰长度（图6-6）。

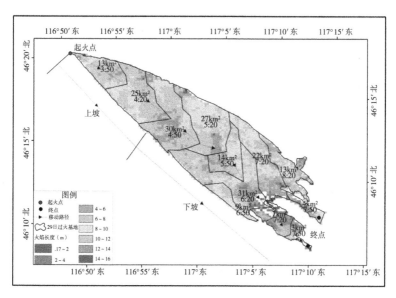

图6-6　不同时间火焰长度

从图6-6可看出起火点到上坡全部和火蔓延中部的火焰长度较大，范围在8～14m；在下坡的中部位置，零散分布着火强度较大的值，火强度最大值为14～16m。在海拔较高的地区火焰长度值较大。

第四节　不同易燃性等级下草原
火行为分析

依据王正非火蔓延模型计算不同可燃物易燃性等级的草原火

行为草原火蔓延速度、火线强度和火焰长度等草原火行为指标[155]（表6-16）。

表6-16 不同可燃物易燃性等级下的草原火行为

可燃物配置更正系 （g/m²）	火蔓延速度 （m/min）	火线强度 [kJ/(m·s)]	火焰长度 （m）
1.85~2.0	0.149	1 230.800	6.735
2.0~2.2	0.161	1 707.910	8.236
2.2~2.4	0.177	2 266.776	8.094
2.4~2.6	0.182	4 214.334	11.364
2.6~2.7	0.192	4 524.822	15.311

一、火蔓延速度分析

基于可燃物配置更正系数的修正，分析其与火蔓延速度的关系（图6-7），结果表明：随着可燃物配置更正系数的增加，火蔓延速度表现为上升的趋势。在不同草原可燃物量条件下，可燃物配置更正系数影响火蔓延速度。

二、火线强度分析

通过可燃物配置更正系数与火线强度之间的分析，建立两者定量关系（图6-8）。结果表明：随着可燃物配置更正系数的提高，火线强度不断增高。可燃物配置为2~2.4g/m²时，火线强度相对平稳。不同可燃物易燃性条件直接影响火线强度的高低。

三、火焰长度分析

火焰长度是反映火行为的重要指标，直接影响草原火蔓延的

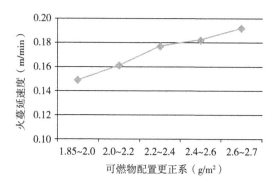

图6-7 不同可燃配置更正系数下火蔓延速度

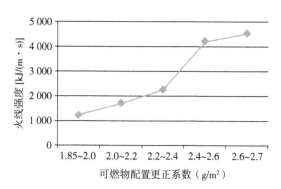

图6-8 不同可燃物配置更正系数下火线强度

过火面积。通过研究发现，火焰长度与可燃物配置更正系数反映出的关系呈正相关，随着可燃物更正系数的增加火焰长度升高更为明显（图6-9）。

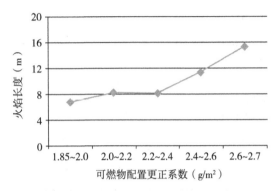

图6-9 不同可燃物配置更正系数下火焰长度

第五节 本章小结

本章基于王正非原始模型，利用野外调查与室内实验相结合的手段，辅以遥感技术将王正非火速模型进行了修正，将模型部分参数进行本地化改进。本章首先对模型中所涉及的火行为影响因子（可燃物因子、气象因子、地形因子）进行了详细分析，然后剖析王正非模型各参数意义及改进设想，并利用改进后的王正非模型选择两起草原火进行模型精度检验，最后再进一步修正模型参数本地化。

本研究主要针对可燃物配置格局系数 Ks 和风速更正 K_w 两项指标进行了优化和修正，进而提升模型模拟精度。其中，可燃物配置格局系数修正方法主要基于野外调查数据、生物量、易燃性等级图等因子建立回归模型，实现趋近于真实的地表的可燃物状况；同时，结合 AHI/ Himawari-8 数据获取草原火发生的同步观测数据，获取真实草原火过程参数，进而推算草原火蔓延速度 v_0，获取常数 c（$c = 0.35$）值，对 K_w 风作用系数进行修正。基于修正后模型与东乌珠穆沁旗萨麦苏木接连发生的两起草原火遥感监测结果进行对比，结果显示：通过火蔓延速度模拟与基于遥感信息获取的各项参数对比，分析出改进模型的计算结果与遥感同步观测结果有较强的一致性。根据王正非火速模型模拟值与卫星遥感监测结果对比分析可知，在所模拟预测的 3 个时段的计算结果与监测结果对比误差小于 10%，可以看出模型结果精度具有一定可靠性。

此外，进一步基于可燃物配置更正系数的修正，分析其与火蔓延速度、火线强度、火焰长度几者之间的关系。结果表明：随着可燃物配置更正系数的增加，火蔓延速度、火线强度、火焰长度均呈现升高的态势。

第七章 基于 CA 和 GIS 的草原火蔓延模拟研究

　　草原火蔓延影响因子的准确获取与表征对草原火行为模拟精度有重要影响，特别是在草原地区火发生后对火蔓延速度预测、蔓延过程能量释放、火强度以及扑火难度等方面提供有力支撑[157]。因此，准确获取草原火蔓延模型各驱动因子以及与实地具体情况关系（本地化）是提高模型模拟准确的关键。草原火蔓延主要影响因子包括可燃物（类型、分布位置等）、地形（坡度、坡向）和气象因子（风速、风向、相对湿度等），其中可燃物类型、量与气象因子中风速、风向的影响最大[158]。当前草原火蔓延模拟的模型方法主要有经验法、数学法、物理法、野外实验法、室内测定法和模型模拟法等，本研究综合考虑各种方法的优缺点，最终选择集成 CA 和 GIS 技术构建草原火蔓延模型。

　　本研究采用的是王正非模型[84]，利用该模型对内蒙古草原高火险区的草原火蔓延行为进行模拟研究，案例选取内蒙古锡林郭勒盟东乌珠穆沁旗 2016 年 3 月 29 日凌晨 3:20 发生的一次草原大火，通过对此次草原火开展模拟，并采用 AHI/Himawari-8 遥感数据监测产品对模型模拟结果验证。

　　草原火蔓延模型准确构建是建立在翔实的地面实验数据基础之上，来开展草原火蔓延行为的模拟，并进一步分析草原火蔓延行为的质变和量变过程[159]。本研究已收集内蒙古锡林郭勒盟东乌珠穆沁旗火点样例区域翔实的地面燃料和气象数据，制备 2016 年 3 月 29 日 3:20 火发生的环境背景数据，通过利用前期大量实验获得的草原地区模型驱动参数，对本次草原火过程模拟，并利用同步观测卫星（AHI/Himawari-8）进行系数订正与模型验证。

草原火蔓延主要基于热传导、热辐射和热对流三种方式进行蔓延扩散[160]。热传导是燃料内部的热传递。而热辐射是以电磁波方式进行热传递，其作用能量较强，可对周围燃料进行快速热量传播。热对流与大气对流近似，可通过热空气上升，下面的冷空气填补方式进行上下热传递。热辐射和热对流是燃料与燃料之间的外部传热，可利用火焰前锋的热量对周边燃料进行预热。

草原火蔓延是以速度和方向为基准，包括火向周边的蔓延速度、火燃烧面积的扩展速度和火燃烧区域周长的增加速度等[161]。目前，国内外学者对森林大火的蔓延过程模拟研究相对较多[162]，并构建了很多具有不同复杂程度和不同需求的森林火蔓延模型，但是对草原火蔓延及模型模拟研究相对较少，对草原火蔓延速度与状态等认识不足，缺乏精确分析和预测。

本研究对国内外较流行火蔓延模型的优缺点进行充分对比分析后，针对内蒙古东部草原高火险区的地形地貌、气象条件和区域可燃物特性等因素，选取王正非模型进行草原火蔓延模拟，但模型参数缺乏本地化。因此，在研究草原火蔓延行为与可燃物特征、气象因子和地形因子等因子之间相互关系的基础上，对王正非模型中的可燃物修正因子进行部分改进。

王正非模型主要是对火蔓延速度的模拟，而元胞自动机 CA 可以用来描述基于此蔓延速度而进行的元胞状态改变，二者结合可通过对草原火行为的离散事件仿真模拟对草原火蔓延行为进行预测（以下简称 CA-王正非模型）。在 CA-王正非模型中，把草原地区看作成由一个个相互毗邻又相互独立的燃料正方形单元组成的二维元胞空间，元胞的尺寸可根据草原地区可燃物分布特征及地形数据的分辨率予以确定。该模型中每个元胞空间单元根据它自己的燃料类型、坡度坡向和风速风向等因子计算本元胞火蔓延的速率和方向。元胞的不同状态将用于表示火蔓延的不同阶段，相邻元胞之间基于热传递并通过消息传递机制进行状态更新。简言之，草原火蔓延可看作是当前正在燃烧的元胞根据环境背景感染它周围未燃烧元胞的传播过程。

第一节　草原火蔓延CA模拟模型构建

一、元胞空间

元胞空间是由空间上所有网格点的集合构成的。虽然在理论上元胞单元可以是任意维数，但目前主要研究大多是基于在一维、二维和三维来表示元胞空间。随着遥感与地理信息系统技术的发展，四边形格网划分方法（二维）更适用于结合该技术对火蔓延进行模拟，元胞空间是将现实地理空间划分成离散的网格，每个栅格单元被视为一个元胞单元[163]。因此，本研究选取二维的四边形格网划分方法来划分元胞状态空间。

根据二维网格将草原区域划分为若干个元胞单元。在模型模拟前，需要统一可燃物、气象和地形等多个因子的数学基础、空间范围和空间分辨率。根据本案例研究区的实际情况，对本次模拟元胞空间的网格数目及大小、结构及其边界条件进行确定。

（1）网格的数目，本研究采用70×70＝4 900个网格。

（2）在模拟过程中，虽然元胞尺寸越小越能较好地显示火蔓延过程的细节，但同时元胞尺寸越小元胞数量会越多，也会相应地增加模拟时间和数据量。本研究的目的是从空间上快速模拟草原火蔓延过程，探索火蔓延特征，因此，根据该区域可燃物特征及遥感影像分辨率，选取合适的元胞尺寸，设为500m×500m。

（3）不同的元胞网格结构对模拟火蔓延过程及计算方法上

有不同的效果。二维元胞自动机在火蔓延模拟方面一般选用的网格结构有三角形、四边形、六边形等，但在编写方程式上差异非常显著。为了便于结合使用遥感影像数据，根据遥感影像像元特点，本研究也选用四边形格网划分法来划分元胞状态空间，即每个栅格单元为一个元胞单元。

（4）对于网格边界，为了使模型在模拟火蔓延过程时不会报错，另外也为了客观自然的模拟研究区情况，本研究设定固定边界不可燃烧，即所有边界的元胞均取某一固定常量。

二、元胞邻域定义

在二维元胞自动机模拟考虑元胞与邻近元胞的关系，其中 Von Neumann 邻域和 Moore 邻域是最常用的方法。由于标准 Moore 型邻域是将元胞周边 8 个相邻元胞设定为 8 个方向（图7-1），比较适用于草原火蔓延模拟[164]。因此，本研究中采用标准 Moore 型邻域定义方法，来定义元胞空间邻域关系，进行火蔓延元胞状态更新。

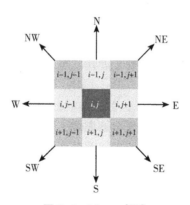

图7-1 Moore 邻域

三、元胞状态

草原火蔓延时空演变过程可以理解为元胞空间上每个着火的元胞对邻近元胞影响及元胞状态转变进行模拟。元胞自动机设定元胞空间中的元胞与元胞之间是相对离散的，元胞状态表示在某地理位置上相应单元所处的火燃烧状态[165]。在草原火研究中用连续整数表示其元胞的燃烧状态。根据草原火蔓延的特点可将元胞状态分为"不能燃烧状态""未燃烧状态""燃烧状态"和"熄灭状态"。

$S_{ij}^t = -1$："不能燃烧"状态是指从地理上将这一类元胞设定为不参与草原火蔓延模拟过程；可理解为元胞内燃料类型为不含草原可燃物的类型，例如这个状态可以描述与裸土、道路、河流、湖泊、隔离带等没有植被地区相对应的元胞，本研究假设在这个状态下的元胞是不能被燃烧的。

$S_{ij}^t = 0$："未燃烧"状态，首先本元胞具有可燃烧的草原可燃物，本状态表示元胞是具有可燃烧但未点燃状态的元胞，即草原火尚未扩散到该元胞。

$S_{ij}^t = 1$："燃烧"状态，首先本元胞具有可燃烧的草原可燃物，本状态表示该元胞已处于燃烧状态，并且具有向周围邻域元胞扩散的能力。

$S_{ij}^t = 2$："熄灭"状态，首先本元胞具有可燃烧的草原可燃物，本状态表示该元胞已经全部燃烧，不再具备向周围扩散的能力，其周围邻近元胞也不能扩散至该元胞。然后，元胞空间中由每个元胞单元的状态集成为一个状态矩阵。

四、状态转换规则

状态转换规则是 CA 模拟的关键，是更新元胞状态的基本规则。在模拟中以离散时间（t）为循环步长，本研究拟定下列规则作为状态矩阵元素（i, j）的更新蔓延规则：

规则 1：如果状态（i, j, t）= -1，那么状态（i, j, $t+1$）= -1。本规则表示当前时刻草原火蔓延到裸地、水体、公路等单元时不能继续蔓延。因此，当状态为-1时，表示不能燃烧的元胞状态保持不变，下一时刻该元胞状态也不能改变，即无法着火。

规则 2：如果状态（i, j, t）= 1，那么下一时刻元胞状态（i, j, $t+1$）= 2。本规则表示在当前时刻燃烧的单元在下一时刻时会被烧毁。

规则 3：如果状态（i, j, t）= 2，那么下一时刻元胞状态（i, j, $t+1$）= 2。本规则表示在当前时刻中已被烧毁的空元胞在下一时刻的状态保持不变。

规则 4：如果状态（i, j, t）= 1，那么下一时刻元胞状态（$i\pm1$, $j\pm1$, $t+1$）= 1，将按照概率 p 燃烧。本规则表示在当前时刻该元胞已经处于着火状态，但在下一时刻或继续燃烧，或可能传播到邻近元胞中，这个渐变过程依据一个概率 p 来控制。该概率会受到本元胞或蔓延影响因子影响，参与各个时段的火蔓延状态。应该注意的是，由于方形网格，我们假设火可以传播到邻近的元胞 $i\pm1$, $j\pm1$。这是图 7-1 中描述的 8 个元胞。（N, E, S, W）邻域的元胞燃烧的时间步长 $T = L/V_{i,j}$，其中 L 为元胞边长，$V_{i,j}$ 为元胞初始的蔓延速率，经过 T 时刻后元胞（i, j）的状态变为完全燃烧；（NW, NE, SE, SW）邻域，即斜对角的元胞燃烧的时间为 $T=\sqrt{2}L/V_{i,j}$，其中，$\sqrt{2}L$ 为元胞单元对角线的长度。

规则 5：若迭代时间达到情景设定的总模拟时间，则结束模型模拟。

五、着火点的定位

着火点的定位是指根据野外勘测或者遥感影像获取着火点的

坐标，通过所选区域范围总行列数，以及元胞大小，来确定着火点所在的行列号。确定着火点位置 (x, y) 所依据的公式如 7-1 所示，式中，(x, y) 为着火点的坐标，(x_{min}, y_{min})，(x_{max}, y_{max}) 分别是研究区域范围内的坐标最小值和最大值，h 代表元胞的大小，根据公式求得着火点的行列号 row 和 col：

$$row = \text{INT}\left[(x-x_{min})/h \right]+1$$
$$col = \text{INT}\left[(y-y_{min})/h \right]+1 \qquad (7-1)$$

至此，本研究完成了基于确定型 CA 的时空动态草原火蔓延模拟模型，即构建了一个草原火模拟时空动态引擎。

第二节　草原火蔓延 CA 模拟模型程序实现

本研究利用改进后的王正非草原火蔓延模型，综合考虑可燃物（类型、面积等）、地形（坡度、坡向等）和气象条件（风速、风向等）等因素的影响，把改进后的模型引入元胞自动机（CA）中，考虑状态转换规则，实现了草原火元胞空间上的动态传递与蔓延模拟。基于 GIS 网格的草原火蔓延过程在地理空间上的表达与 CA 的元胞空间相似，并且 CA 能够将多个不确定因素在空间上实现复杂关联的表达，因此将王正非草原火蔓延模型引入到 CA 中可以很好地进行草原火蔓延模拟。元胞自动机主要由 4 个要素构成，分别是单元、状态、邻域、转换规则。其中一个元胞就是一个单元，是 CA 中最小的单位；状态是每个元胞单元的属性；而邻域的状态是决定本元胞是否需要进行转换；而转换规则是决定基于邻域函数实现元胞从一个状态向另一个状态转变的标准。

一、Python 语言及 Arcpy 站点包简介

ArcPy 是一个 Python 语言实现 ArcGIS 部分功能的站点包，是由来自多个不同领域 GIS 专业人员和程序员基于 Python 语言开发出来的 Python 模块，通过以实用高效的方式利用 Python 实现空间地理数据分析、数据转换、数据和地图自动化等功能。这是选用 Arcpy 站点包的主要原因之一。其次，Python 语言本身也是一种通用易懂的编程语言，非常易于理解、学习和使用。在 Python 语言及 Arcpy 站点包的支持下，用户可以在人机交互环境下快速编写相对简单的脚本实现很多空间数据的批处理与模型运行，这种编程语言功能强大，也可用于编写其他大型应用程序。

许多涉及空间模拟的专业相关模型可通过 Python 语言将其集成到 ArcGIS 平台环境中，实现 GIS 环境与专业模型有效地耦合，从而进行空间模拟。这也是本论文选用 Python 语言及 Arcpy 站点包集成 CA 来实现草原火蔓延模型的原因。

另外，草原火模型中涉及大量可燃物、地形、气象因子等空间数据，本研究选用 Python 语言及 Arcpy 站点包，将非常快捷地提取研究区地形坡度坡向参数、气象要素风速风向参数和燃料类型、模型有关燃料的参数等因子，并可以实现根据模拟时段阶段性的动态输入到集成的模型系统中，进而完成相应的模拟工作。这也是模型和 GIS 环境紧密耦合的优点所在。

二、系统流程设计

系统准程序概化流程如图 7-2 所示。

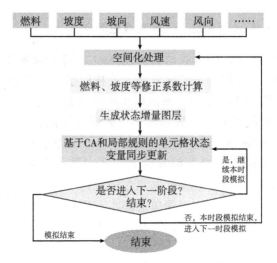

图7-2 基于CA-王正非模型的火蔓延模拟系统流程

For timestep in time：

Spatialize（fuel-，topology-and wind-related parameters）### 空间化燃料、地形、气象等参数

Calculate ks、kf 等　### 计算燃料修正系数、地形坡度修正系数等

Formulate IncValue　### 生成状态增量图层

For eachcell in［heigth，weigth］：

If landcover>=1 and landcover<=6：　### 地表类型为可燃物

　　　　If cellstate=0：　　　　　### 没有着火

If neighborState>1 and neighborState<2：　### 邻居已充分燃烧

Cellstate=incValue　###本单元格开始燃烧，状态值改变

Elif cellstate>0 and cellstate<=1：### 本单元格已燃烧，但没有充分燃烧

> Cellstate = cellstate + incValue   ### 按状态增量改变本单元格状态值
> Elif cellstate>1 and cellstate<=2：### 单元格已充分燃烧
> Cellstate = cellstate +incValue * 0.2   ### 按相应状态增量改变本单元格状态值
> Else：cellstate = cellstate   ### 状态值不再变化

本流程中，"For timestep in time" 为 CA 模型运行的时间步，即 CA 模拟 time 时间段内以 timestep 为时间步长，控制着模型的循环运行次数；"For eachcell in ［heigth，weigth］" 为 CA 模型以元胞 eachcell 为单元，控制着元胞空间所有元胞在元胞总数 ［heigth，weigth］ 里的进行同步更新；landcover 为地表覆盖燃料类型图层，在 CA 模型中控制元胞能否燃烧；cellstate 即为火蔓延的元胞状态，其状态变换与否依赖于上述流程的控制；incValue 是根据火蔓延速度计算得来的元胞状态增量；"###" 后为 Python 语言语句的注释。

三、程序实现

CA-王正非模型通过模块化程序设计方法实现，在本系统模型中共由 4 个模块构成。其中，Py_set_env. py 为环境设置模块，Py_params. py 为变量定义模块，Py_case. py 为案例分时段空间化风速风向参数模块，Py_update. py 为模型主模块，通过调用其他相关模块以及运行主模块的指令，可实现火蔓延在空间上的模拟。下面对各个模块分别介绍。

（一）环境设置

环境设置模块脚本是 Py_set_env. py。环境设置主要包括对案例数据工作空间、案例数据空间范围和案例数据空间分辨率的设置。案例数据空间范围决定系统所生成的临时性空间图层、最终模拟结果图层的空间范围；案例数据空间分辨率决定生成结果的空间分辨率并影响火蔓延距离；案例数据空间分辨率决定数据读写的存储位置。基于以栅格为基础的 GIS 环境进行模型模拟，环境设置必不可少，有利于保证系统正常地运行。在 Arcpy 中，环境设置通过 arcpy. env. workspace、arcpy. env. cellsize 和 arcpy. env. extent 等语句实现。

在实现语言编译过程中，对地形、坡度等设定为常量系数。针对变量参数，不同燃料具有不同的参数值，在生成燃料参数的空间化图层时，基于同一种地表燃料类型有相同燃料参数的概念下，利用 Python 语言的 Con 命令来实现具有空间分异规律的燃料参数图层，该空间的参数数据将用于火蔓延速度的模拟计算。

（二）参数空间化

1. 地形参数的空间化

火蔓延行为模拟需要地表燃料相关的地形因子和气候因子等参数来驱动模型，这些参数均具有空间异质性，需要进行空间化处理。其中，火蔓延行为的方向和强度与地形因子相关，包括坡度和坡向。根据 DEM 数据提取坡向和坡度。

2. 风向风速参数生成

与气象相关的风速、风向两个因子，可考虑结合地面高程数据和不同气象站点观测数据，利用薄板样条法内插到具有空间分异性的栅格图层。本研究实例中所用到的风速和风向数据均来源于研究区的气象站观测数据，并根据不同模拟时间段准备不同的风速和风向数据。依据本研究样例需要，将风速、风向空间图层按不同时段输入到模型中。本研究实例中，选取东乌珠穆沁旗草原火 6 个时段的风速、风向参数空间化过程如下。

程序采用了 Python 语言的 For 循环语句，将 6 个模拟时段的风向值赋给 winddir1 ~ 6，将 6 个时段的风速值赋给 windsp1 ~ 6，从而构造了风速风向各 6 个时间节点的空间图层。实测风速单位为米每秒（m/s），在本模型中风速参与实际火蔓延参数计算时，单位换算为 m/min。

3. 火蔓延速度及 CA 计算

本段程序是此 CA 模型实现的核心，根据前面环境配置、参数空间化等准备，基于本模块对火蔓延行为进行模拟和空间状态更新。程序窗口第 80 行，是模型运行 6 个时段的总时间集，这是东乌珠穆沁旗火发生时，系统模拟的 6 个时段，即，东乌旗草原火模拟是从 3 月 29 日早 3:20 开始，模拟时间到 3 月 29 日早 6:20。研究时，将中间分为 6 个时段，即 29 日 3:20—3:50 为第一时段（共计 30min），依次 29 日 3:50—4:20 为第二时段（共计 30min），4:20—4:50 为第三时段（共计 30min），4:50—5:20 为第四时段（共计 30min），5:20—5:50 为第五时段（共计 30min），5:50—6:20 为第六时段（共计 30min）。系统模拟共历时 3h，即 180min。

系统由两层循环控制，i 循环控制着外层 6 个时段的参数计算（第 74 行开始），time 循环（从 82 行开始）控制着内层每个时段内每一步速度计算、状态增量计算和元胞状态空间的更新，单位是 min。

程序主要通过综合考虑火的蔓延方向、风向、坡向等因素来计算火蔓延稳态速度。在 CA-王正非模型中，这段程序出于这样的考虑，本中心元胞的燃烧状态与其他 8 个邻近元胞状态息息相关，每个邻域元胞的状态对中心元胞在不同风向与坡向夹角下的蔓延速度的影响均不同。我们在此研究中心元胞周边所有邻域元胞状态下各夹角变化对火蔓延的影响。

通过 PYTHON GDAL 的 ReadAsArray 语句获取逐个元胞空间各参数值，根据王正非模型实现了最终速度的计算。在实际计算过程中，由于 CA 要求对元胞周边 8 个空间方向进行判断，程序根据 8 个方向设定 8 个并行的循环和判断语句，计算结果经过处理后得到最终的速度图层，进而得到状态增量图层。实现过程主要采用三次主循环判断过程，实现元胞空间各参数值确定。

在处理完火蔓速度参数计算后，由速度图层生成状态增量图层。

4. 基于规则的同步更新

在前面一系列复杂的计算后，根据前面制定的状态转换规则对元胞状态进行更新。

其中，代码 195 行，由地表燃料图层控制可燃类型，然后由元胞及其邻居元胞的状态随着时间控制各元胞的状态更新。至此，本研究完成了在 GIS 环境下基于 CA-王正非模型的草原火蔓延时空过程模拟。

第三节   草原火蔓延 CA 模型验证

一、可燃物类型对草原火蔓延的影响

实际的火蔓延常常发生在不同类型的可燃物空间中，在具有相同的地形以及气象条件时，不同的可燃物类型，火的扩散速度应该不相同。下面两例研究基于不同的地表类型。构造了 40m× 40m 的栅格空间，单元格空间分辨率为 30m，风速为 5m/s，风向正北，同时构造了一个坡向朝南，坡度为 5° 的缓坡。以分为模拟时间步，运行时间 30min，运行结果如图 7-3 所示。结果表明，不同的草地类型火蔓延速度亦不同。

二、风对火蔓延的影响

风是火行为预测最关键的因素之一。一般气象观测站点风速测定高度在 6m 左右，但这一高度比地表火火焰高度要高。由于风在接近地表时，风力会受到地面阻力影响，所以实际在火焰部

图7-3 草原火在不同草地类型中的蔓延模拟结果

位的风速比气象观测值要小。因此，在火模型实际应用时，必须调整气象观测的风速值，使其更接近地表火焰高度的风速。风力越强火蔓延的速度越快，且不同的风速火扩散形状亦不同。火在具有均质性燃料空间中扩散时，其扩散的形状或范围，可简单地表达为鸡蛋形或扇形。而基于模型计算的火扩散形状是椭圆形。如果从单一的火点随时间变化来考察火扩散的形状，火扩散所确定的椭圆离心率随着风速，或坡度增加而增大。图7-4反映了随着风速的增加，火扩散所确定的椭圆离心率也增大。系统在进行风对火蔓延形状验证时，首先选取了平坦地形（坡度为0，坡向为9），构造了40m×40m的栅格空间，规定风向为1，即风向正北，风速值分别为：0、5m/s、8m/s、10m/s、15m/s和20m/s，以分为模拟时间步，运行时间30min，运行结果如图7-4所示。结果表明，风速越大，火扩散速度越快，且火扩散所确定的椭圆离心率也增大。结果有力地证明了基于栅格的CA方法，是可以较好地模拟火扩散的形状。

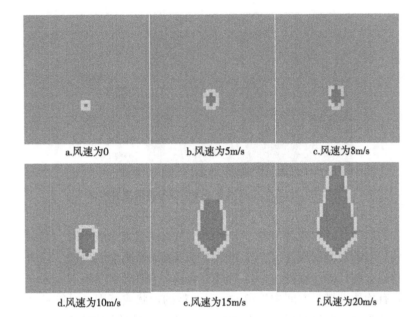

图 7-4　不同风速条件下（不考虑地形）火蔓延模拟结果

三、地形对火扩散的影响

　　风可以使火焰向其前方未燃燃料倾斜，从而使火焰前方燃料温度比常规情况下更快升高，从而加快火蔓延速度。而坡度虽然没有使火焰倾斜，但它"使燃料倾斜"，因而在火扩散过程中，坡度具有和风一样的作用。在进行地形对火扩散验证时，风速取值为 0，风向为 9（即无风条件），构造了 40m×40m 的元胞空间，坡向正南，坡度分别为 0、5°、10°、15°、20° 和 30°，以分为模拟时间步，运行时间 30min，运行结果如图 7-5 所示。模拟结果表明，地形坡度也同样影响着火的扩散，且坡度越大，火扩散速度越快。

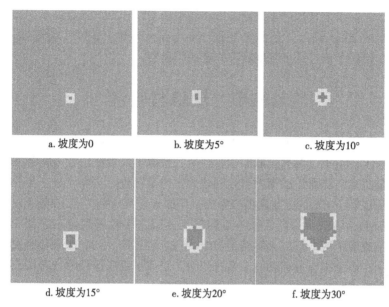

| a. 坡度为0 | b. 坡度为5° | c. 坡度为10° |
| d. 坡度为15° | e. 坡度为20° | f. 坡度为30° |

图 7-5 不同坡度下火蔓延模拟结果

四、结果分析

为了验证以上模拟结果，将整理好的东乌珠穆沁旗 2016 年 4 月 29 日大火的 4 个阶段记录作为输入因子，预测其输出值。并将生成的修正参数结果与计算得出的修正结果进行对比（表 7- 1），评估预测精度。

表 7-1 预测值与计算值对比

项目	1	2	3	4
预测值	265	168	312	210
计算值	258	159	325	186
预测误差	7	9	-13	24

在以上预测的 4 条记录中，其中 3 条与计算结果误差小于预定的 20m/min，1 条误差超过 20m/min，因此，通过实验可知，模拟误差修正结果精度具有一定的可靠性。

第四节　模拟与验证

本研究在完成了一维火蔓延风阻系数校准，以及均质和异质性火环境中二维火扩散形状验证后，选取了发生在内蒙古锡林郭勒盟东乌珠穆沁旗境内草原野外火作为系统验证实例，进一步验证该基于 CA 的火蔓延模拟系统。草原火着火时间为 2016 年 3 月 29 日。着火区为乌珠穆沁草原位于内蒙古锡林郭勒盟东北部中蒙边境地区。草原火案例是 2016 年 3 月 29 日、3 月 30 日相继发生在内蒙古锡林郭勒盟东乌珠沁旗萨麦苏木巴彦敖包嘎查与陶森宝拉格嘎查的两起不同时间段上的草原火。东乌珠穆沁旗萨麦苏木地处中蒙边境地区，接壤蒙古国哈拉哈河与马塔德苏木。我国东乌珠穆沁旗与蒙古国哈拉哈河、马塔德与额尔敦查干 3 个苏木构成的区域是整个在中蒙边境地区乃至蒙古高原上。

一、模拟

（一）栅格图层数学基础

东乌珠穆沁旗草原火模拟栅格图层选取统一的投影参数，如下所示：

　　　　Albers

　　　　False_Easting：0

　　　　False_Northing：0

　　　　Central_Meridian：105

　　　　Scale_Factor：1

　　　　Standard_paraller_：1：25

Standard_paraller_2：1：47

GCS_Clarke_1866

Datμm：D_Clarke_1866

Prime Meridian：0

栅格图层空间分辨率统一取 30m×30m，共计 1 167×902 个单元格，947km²。

（二）土地覆盖类型图层获取

土地覆盖类型图层是火模拟最关键的图层之一。火蔓延模拟中使用的土地覆盖类型图层除包括地表燃料类型外，还包括水域、裸地、打草场等不可燃类型。东乌旗草原火模拟时的土地覆盖类型图层主要通过地形图、植被类型图、草地类型图和 Landsat 8 遥感影像的研究区归一化植被指数 NDVI 图层共同建立。

（三）其他相关图层获取

东乌旗草原火模拟是从 3 月 29 日 3：20 开始，模拟时间到 5：20。开展模型模拟过程中，将中间分为 4 个时段，即 3：20—3：50（第一时段：30min）；3：50—4：20（第二时段：30min）；4：20—4：50（第三时段：30min）；4：50—5：20（第四时段：30min）。系统模拟共历时 120min。4 个时段的风速风向（风向经约束）以及空气相对湿度表由地方气象站点获取（图 7-1）。地形坡度由空间分辨率为 10m×10m 的 DEM 在 ArcGIS 中提取，坡向提取后，进一步将坡向数据按第五章所述方法进行了适合模型应用的约束处理。

（四）各个时段模拟结果

基于模型模拟不同时段火蔓延状况，并开展草原火遥感监测与火蔓延模拟结果对比分析（图 7-6）。

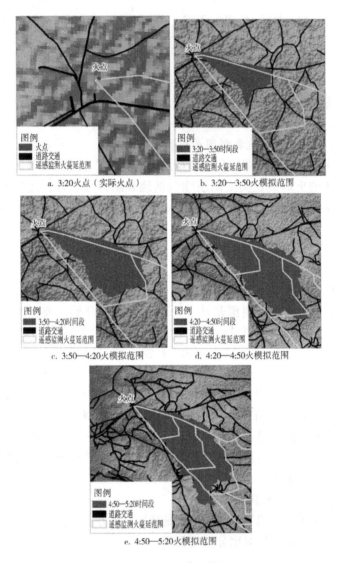

a. 3:20火点（实际火点）

b. 3:20—3:50火模拟范围

c. 3:50—4:20模拟范围

d. 4:20—4:50火模拟范围

e. 4:50—5:20火模拟范围

图7-6　各时段火蔓延模拟结果

二、模拟结果验证

（一）基于 AHI/Himawari-8 资料的实际过火面积提取

基于 AHI/Himawari-8 资料的固定阈值火点提取。根据 AHI/Himawari-8 火产品数据中提取火蔓延实况监测，获取不同时间段火蔓延的面积，进而推算不同时间段火蔓延的范围。

（二）基于遥感影像的实际燃烧结果和模拟结果的对比

1.第一时间段过火面积对比分析

基于模型模拟与实际燃烧遥感监测结果，分析 3：20—3：50 过火面积对比。

其中，根据图 7-7 和表 7-2 可知，两者重叠部分面积占监测实际燃烧面积的 54.39%；在监测实际燃烧区，但没有模拟出现过火面积的占监测实际燃烧面积的 10.18%；不在实际燃烧区，但在模拟结果内的面积占模拟结果的 15.76%。

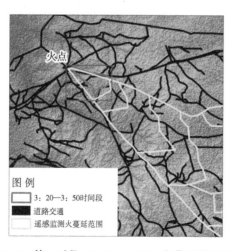

**图 7-7　第一时段（3：20—3：50）火蔓延模拟结果
与实际情况对比**

表7-2 第一时段（3:20—3:50）火蔓延模拟结果与
实际情况对比 （单位：m²）

实际燃烧面积	模拟燃烧面积	重叠部分面积	在实际燃烧区，不在模拟结果内	不在实际燃烧区在模拟结果内
6 854 114.52	4 425 777.66	3 728 235.66	3 125 878.86	697 542.00

2. 第二时间段过火面积对比分析

基于模型模拟与实际燃烧遥感监测结果，分析3:50—4:20
过火面积对比（图7-8、表7-3）。

其中，两者重叠部分面积占监测实际燃烧面积的69.98%；
在监测实际燃烧区，但没有模拟出现过火面积的占监测实际燃烧
面积的30.02%；不在实际燃烧区，但在模拟结果内的面积占模
拟结果的16.01%。

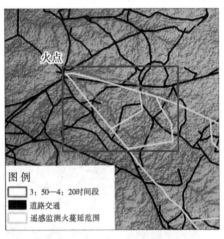

图7-8 第二时段（3:50—4:20）火蔓延模拟结果与实际情况对比

表 7-3 第二时段（3:50—4:20）火蔓延模拟结果与
实际情况对比 （单位：m²）

实际燃烧面积	模拟燃烧面积	重叠部分面积	在实际燃烧区 不在模拟结果内	不在实际燃烧区 在模拟结果内
13 342 107.05	11 116 358.15	9 337 172.54	4 004 934.51	1 779 185.61

3. 第三时段过火面积对比分析

基于模型模拟与实际燃烧遥感监测结果，分析 4:20—4:50
过火面积对比（图 7-9、表 7-4）。

其中，两者重叠部分面积占监测实际燃烧面积的 97.80%；
在监测实际燃烧区，但没有模拟出现过火面积的占监测实际燃烧
面积的 2.20%；不在实际燃烧区，但在模拟结果内的面积占模拟
结果的 11.60%。

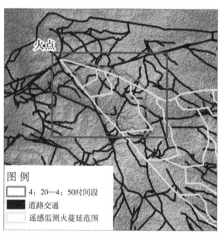

图 7-9 第三时段（4:20—4:50）火蔓延模拟结果与实际情况对比

表 7-4　第三时段（4:20—4:50）火蔓延模拟结果与
实际情况对比　　　　　　（单位：m²）

实际燃烧面积	模拟燃烧面积	重叠部分面积	在实际燃烧区不在模拟结果内	不在实际燃烧区在模拟结果内
38 067 645.92	42 117 569.06	37 231 897.22	835 748.7	4 885 671.84

4. 第四时段过火面积对比分析

基于模型模拟与实际燃烧遥感监测结果，分析 4:50—5:20
过火面积对比（图 7-10、表 7-5）。

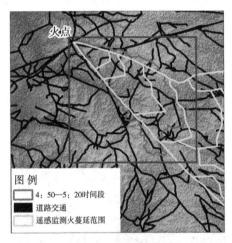

图 7-10　第四时段（4:50—5:20）火蔓延模拟结果与实际情况对比

表 7-5　第四时段（4:50—5:20）火蔓延模拟结果与实际情况对比
（单位：m²）

实际燃烧面积	模拟燃烧面积	重叠部分面积	在实际燃烧区不在模拟结果内	不在实际燃烧区在模拟结果内
67 689 569.81	73 065 390.76	59 899 321.32	7 790 248.49	13 158 310.46

其中，两者重叠部分面积占监测实际燃烧面积的 88.49%；在监测实际燃烧区，但没有模拟出现过火面积的占监测实际燃烧面积的 11.51%；不在实际燃烧区，但在模拟结果内的面积占模拟结果的 18.01%。

（三）验证结果分析

基于模型模拟结果和 Himawari-8 资料监测的结果对比分析，结论为：基于 CA 与 GIS 结合模型模拟的火蔓延的形状及火头（火焰前锋）的位置和监测的实际火蔓延过程基本相符，基于模型模拟的 4 个时段的过火面积和监测的实际燃烧过火面积的重叠部分占监测的实际燃烧面积的 87.49%。从模型模拟的火焰位置和面积角度上看，CA 与 GIS 结合的模型具有一定的应用价值。

从 4 个时段模拟结果看，模拟的第一时段过火面积小，形状及趋势基本相符，但存在一定的差异，主要原因包括：①在火发生过程中，基于王正非模型改进的火速中，风速与坡度建立关系的时间分辨率低而造成数据准确度降低；②土地分类与植被信息融合过程造成误差，植被类型数据比例尺为 1∶20 万，其精度较其他因子低，进而产生偏差。

第五节　本章小结

本章基于王正非模型和改进的本地化参数，利用元胞自动机 CA 和地理信息系统 GIS 技术，将王正非模型改进为 CA-王正非模型，二者结合可通过对草原火行为的离散事件仿真模拟对草原火蔓延行为进行预测。案例选取内蒙古锡林郭勒盟东乌珠穆沁旗 2016 年 3 月 29 日早 3∶20 发生的一次草原大火，通过对此次草原火开展模拟，并采用 Himawari-8 遥感数据监测产品对模型模拟结果验证，主要结论如下。

本研究选取了 Python 程序语言并结合 Arcpy 站点包构建草原

火蔓延 CA 模拟模型，该改进模型实现程序主要由 4 个模块构成，Py_set_env. py 为环境设置模块，Py_params. py 为变量定义模块，Py_case. py 为案例分时段空间化风速风向参数模块，Py_update. py 为模型主模块，本模块的作用是对火蔓延行为进行模拟和空间状态更新。通过该模型程序，可以通过输入所需数据和参数，对草原火蔓延行为进行模拟。

此外，本章进一步分析了不同因子对草原火蔓延行为产生的影响，重点研究了可燃物、地形坡度和气象条件等影响因子对草原火场的影响。从对草原火蔓延模型的分类出发，介绍了常用的几种火蔓延模型和各自的适用范围。并对时空分析领域中的元胞自动机模型进行了比较详细的论述，通过求解 Moore 型邻域中 8 个相邻元胞的草原火蔓延速度分量，确定元胞状态演变规则，在实验中模拟了不同条件下草原火蔓延的状态，最终实现了基于元胞自动机的草原火蔓延模拟。

最后，本章选取内蒙古锡林郭勒盟东乌珠穆沁旗 2016 年 3 月 29 日早 3:20 发生的一次草原大火，利用改进的 CA-王正非模型程序对其进行模拟，基于模型模拟不同时段火蔓延状况，并基于 AHI/ Himawari-8 资料的实际过火情况，与火蔓延模拟结果对比分析发现，模型模拟的火蔓延形状及火头（火焰前锋）的位置和监测的实际火蔓延过程基本相符，基于模型模拟的 4 个时段的过火面积和监测的实际燃烧的过火面积重叠部分占监测实际燃烧面积的 87.49%。说明该模型具有一定的应用价值。

第八章 结论与展望

第一节 结论与讨论

一、结论

本研究以内蒙古为研究区域，对内蒙古不同草地类型的可燃物进行野外调查和室内燃烧实验，分析内蒙古草原植物燃烧特性、揭示草原火时空特征，再利用遥感反演和地面实验相结合的方法，调整部分参数使其本地化后建立内蒙古草原火碳排放估算模型，进而估算大面积的草原火碳排放。最后将草原火行为模型参数本地化处理，构建适用于内蒙古草原火行为模型，利用Python程序语言，基于CA和GIS技术实现对草原火蔓延的模拟。本论文主要得到以下结论。

（一）内蒙古草原可燃物燃烧性能

本研究以内蒙古草原火多发的草甸草原和典型草原地区的70种主要草原可燃物为研究对象。应用锥形量热仪进行燃烧实验，获取了70种主要草原可燃物的点燃时间、热释放速率、总热释放量、质量损失速率、有效燃烧热、比消光面积、烟生成速率、生烟总量、CO和CO_2生成速率、CO和CO_2产率等燃烧参数。通过因子分析确定6个主成分（可燃物燃烧强度、生烟量、碳排放量、可燃物燃烧难易程度、产烟能力和点燃时间）后，基于各草原可燃物的综合得分将70种草原可燃物的燃烧性等级划分为 3 个级别，分别为易燃性较高、中等和较低。结果表明歪头菜、菊等 19 种植被类型易燃性较高，大针茅、山连菜等 25 种植被类型易燃性中等，鸢尾、鳞叶龙胆等 26 种植被类型易燃性较低。

（二）内蒙古草原可燃物量及草原火时空特征

本研究通过利用 2000—2016 年间生长季（5—10 月）的 MODIS NDVI 数据与内蒙古草甸草原和典型草原地区的样点地面鲜草干重数据建立一元非线性回归模型；再通过实验收集样点多年 10 月到翌年 4 月的枯枝落叶总干重，作为该时期内可燃物载量，将可燃物载量与时间建立方程，获取可燃物载量递减率模型。从而获得整个内蒙古草原可燃物量时空分布数据，进一步分析其时空分布特征。

从时间尺度上看，草原火的发生与不同年份的气候差异有关。内蒙古草原火烧面积整体上随着时间呈现波动下降趋势。2000—2016 年的 17 年间共发生的草原火燃烧面积为 5 298.75km²，年均 311.69km²。内蒙古草原火主要集中在春季，尤其是 4 月，草原火燃烧面积就约占总面积的 1/3。另一个草原火高发期为秋季的 9 月和 10 月。不同的月份草原火发生次数会明显有差异。

从空间尺度上看，内蒙古草原可燃物量总体上呈现出从东北向西南递减的趋势。2000—2016 年内蒙古各盟市草原火烧面积空间差异较大，内蒙古草原火烧面积主要分布在内蒙古东部和中部的草原地区，包括呼伦贝尔、锡林郭勒两大草原以及阿尔山西部的草原地区。

（三）内蒙古草原火灾碳排放

从草原火碳排放估算角度出发，利用遥感和 GIS 技术，使用野外采样数据、室内燃烧实验数据、卫星遥感数据和植物类型数据，采用地面燃烧实验与遥感定量反演相结合的方法，建立草原火碳排放估算模型，估算了内蒙古草原 2000—2016 年草原火碳排放量，并分析了内蒙古过去 17 年里草原火燃烧及其带来的碳排放时空规律特征。

从草原火碳排放时间分布格局来看，内蒙古草原 2000—2016 年碳排放量波动较大，有稍稍下降的趋势。此外，通过对火点个数与碳排放量、过火面积、可燃物载量等进行了相关性分析，发现火点个数与碳排放具有极显著正相关性，而火点个数与过火面积、可燃物载量不相关，过火面积与可燃物载量、碳排放量不相关。

从草原火碳排放空间分布格局来看，内蒙古草原 2000—2016 年碳排放分布和过火面积分布空间分布特征相似，集中分布在陈巴尔虎旗、新巴尔虎右旗河、鄂伦春自治旗的右侧和阿尔山市等，其他部分是点状零散分布。内蒙古地区 17 年来草原火带来的碳排放总量为 $2.23 \times 10^7 \text{kg}$，年平均碳排放量为 $1.31 \times 10^6 \text{kg}$。其中，内蒙古东中部为高碳排放区，向西部递减为低排放区，整体呈由东向西递减的趋势，边境地区排放量尤为集中。

（四）内蒙古草原火行为模型构建及模拟

本研究基于王正非原始模型，利用野外调查与室内实验相结合的手段，辅以遥感技术将火速模型进行了修正。在模型改进中主要针对可燃物配置格局系数 K_s 和风速更正 K_w 两项指标进行了优化和修正，进而提升模型模拟精度。可燃物配置格局系数修正方法主要基于野外调查数据、生物量、可燃性等级等因子建立回归模型，实现趋近于真实的地表可燃物状况；同时，结合 Hima-wari-8 数据获取草原火发生的同步观测数据，获取真实草原火过程参数，进而推算草原火蔓延速度 v_0，获取常数 c（$c = 0.35$）值，对风作用系数进行修正。根据改进的火速模型模拟值与卫星遥感监测结果对比分析可知，在所模拟预测的 4 个时段的计算结果与监测结果对比误差小于 10%，可以看出模型结果精度具有一定可靠性。

通过利用改进后的王正非草原火蔓延模型，综合考虑可燃物、地形坡度和气象条件等因素的影响，把模型引入元胞自动机中，根据元胞自动机中传递定义局部转换规则，利用元胞自动机 CA 和地理信息系统 GIS 技术，将模型改进为 CA-王正非模型。本研究选取了 Python 程序语言并结合 Arcpy 站点包构建草原火蔓延 CA 模拟模型，实现了草原火场的动态模拟。

基于修正后模型，与东乌珠穆沁旗萨麦苏木接连发生的两起草原火遥感监测结果进行对比，结果显示：基于模型模拟的 4 个时段过火面积和监测的实际燃烧过火面积的重叠部分占监测实际燃烧面积的 87.49%，说明改进模型的计算结果与遥感同步观测结果有较强的一致性，该模型具有一定的应用价值。另外，进一步基于可燃物配置更正系数的修正，分析其与火蔓延速度、火线强度、火焰长度几者之间的关系。结果表明：随着可燃物配置更正系数的增加，火蔓延速度、火线强度、火焰长度均呈现升高的态势。

二、讨论

本研究使用遥感反演和地面实验相结合的方法，建立内蒙古草原火碳排放估算模型，可以估算大面积的草原火碳排放，为全球区域尺度草原火碳排放估算提供借鉴。尽管遥感方法已经一定程度上降低了火碳排放估算的不确定性，但要准确估算碳排放，并参与到全球碳收支与碳平衡的研究中，就必须要对碳排放估算的不确定性进行深入的研究。今后的研究中为提高对可燃物载量的估算精度，有必要使用高时空分辨率、高光谱分辨率的多源遥感数据融合和数据同化技术，将为可燃物载量等草原火碳排放遥感估算关键参量的精确提取提供新的思路和方法，同时需进一步研究与可燃物载量相关的气象要素等环境因子，建立更为精确的关系模型。此外，中国的可燃物载量模型还不够完善，有必要针对国内的可燃物载量分布体系构建可满足遥感应用需求的可靠实用的燃料模型。

元胞自动机具有模拟复杂系统时空演化过程的能力，GIS 具有强大的空间数据管理、空间分析和可视化能力。GIS 空间分析功能和元胞自动机模拟功能相结合能够有效地实现草原火蔓延模拟。然而，草原火蔓延是一个复杂的时空变化过程，需要充分研究影响草原火蔓延的各种因子，建立更加精确的草原火蔓延模型。由于参与模型计算的数据空间分辨率精度与时间分辨率竞速的因素导致模型模拟存在一定的差距，还需要进一步提高。

第二节 特色与展望

一、特色

本研究通过野外调查对 70 种主要草原可燃物进行取样，然后在实验室内应用锥形量热仪对可燃物进行室内控制环境燃烧实验，获取草原可燃物的点燃时间、热释放速率、总热释放量、质量损失速率、有效燃烧热、比消光面积、烟生成速率、生烟总量、CO 和 CO_2 生成速率、CO 和 CO_2 产率等燃烧参数。并同统计方法分析不同种草原可燃物在同样外部热源条件下表现出的燃烧差异性。通过结合地理信息技术，利用草地类型图、植被类型图对内蒙古中部和东部的草原重点防火区草原可燃物燃烧性进行分析，绘制可燃物易燃性等级图，将草原可燃物划分成低、中、高 3 个易燃性等级。

本研究基于王正非原始模型，利用野外调查与室内实验相结合的手段，辅以遥感技术将火速模型进行了修正。本研究主要针对可燃物配置格局系数 K_S 和风速更正 K_W 两项指标进行了优化和修正，进而提升模型模拟精度。在改进后模型的基础上，利用

Python 语言和 Arcpy 站点包，将基于 CA 的动态火蔓延模型，集成到栅格 GIS 环境（ArcGIS）中，实现在不同类型草地的火环境中草原火蔓延的时空过程模拟，提高蔓延结果的准确率。为了更好地预防草原火，发生草原火时能及时预测草原火的蔓延趋势，并进行有效的扑救，有必要对草原火的时空演变规律进行研究，为控制草原火蔓延研究课题提供科学依据。

二、展望

（一）燃烧性评价指标、方法选择方面

在数据分析中应用不同的数据处理和分析方法，结果可能不完全一致。本研究在对内蒙古草原可燃物燃烧性的分析中，缺少对草原植物理化性质的分析，在后续的研究中应当将可燃物的燃烧特性和理化性质相结合，更准确地对可燃物的燃烧性进行分析。本研究对燃烧性的分析只用了两种统计方法，且研究选取的燃烧性评价因子有限，因此分析结果可能会与草原植物易燃能力存在一定的误差，在将来的研究可以进一步细化。

（二）可燃物样点采集地选取和燃烧实验方面

本研究在样点选取上并没有覆盖所有植被类型，在未来的研究中要对野外采样点更合理的选取，以弥补此次实验的不足。在草原火发生时，草原可燃物的状态并不是烘干后的干燥状态。为了更加精确地对可燃物燃烧特性进行分析，后续研究可以对可燃物的含水率进行燃烧特性实验，可以更加真实地反映实际草原火的状态。

（三）模型模拟尺度方面

时空尺度的选择，将直接影响到模拟的精度，在什么样的时空尺度中，模拟能得到最好的效果，还有待进一步研究。空间尺度的选择，主要有两方面的考虑，其一，地表覆盖类型和地形，如果覆盖类型均一，且地形的起伏不大，这样的研究区，其空间

分辨率可以相对较大，如东乌旗草原火模拟选择了 30m 的空间分辨率。相反，如果地表覆盖类型较为复杂，且地形起伏较大，如实例研究中采用 2m 相对较小的空间分辨率。另一方面，空间分辨率的选择还要考虑系统的计算强度，空间分辨率过细，系统的计算强度将大大增加，系统模拟时间也将大大增加，将最终影响系统的实用性。另外，时间步长的选择，应该和空间分辨率的选择结合起来，这是模型最终走向实际应用的关键。

参考文献

[1] 李博. 中国草原植被的一般特征 [J]. 中国草原, 1979 (1): 2-12.

[2] 刘爱军, 王晶杰, 韩建国. 锡林郭勒草原地上净第一性生产力遥感反演方法初探 [J]. 中国草地学报, 2007, 29 (1): 31-38.

[3] 梁杰. 基于生态系统服务的贡格尔草地生态补偿研究 [D]. 北京: 中央民族大学, 2010.

[4] 周贵尧, 吴沿友. 放牧对草原生态系统不同气候区碳库影响的 Meta 分析 [J]. 草业学报, 2016, 25 (10): 1-10.

[5] 修丽娜, 冯琦胜, 梁天刚, 等. 2001—2009 年中国草地面积动态与人类活动的关系 [J]. 草业科学, 2014, 31 (1): 66-74.

[6] 都瓦拉. 内蒙古草原火灾监测预警及评价研究 [D]. 呼和浩特: 中国农业科学院草原研究所, 2012.

[7] 宫大鹏, 康峰峰, 刘晓东. 新巴尔虎草原火时空分布特征及对气象因子响应 [J]. 北京林业大学学报, 2018, 40 (2): 82-89.

[8] 王宗礼. 牧草与粮食安全 [J]. 中国农业资源与区划, 2009, 30 (1): 21-25.

[9] 隋剑利. 内蒙古森林草原火险气象等级预报预警系统的设计与实现 [D]. 成都: 电子科技大学, 2011.

[10] 卓义，刘桂香，崔庆东. 锡林郭勒草原牧区枯草季可燃物动态变化及遥感定量监测研究 [C] //中国灾害防御协会风险分析专业委员会年会论文集，2010.

[11] 王凤玉. 内蒙古荒漠草原土壤呼吸碳排放估算与净碳交换 [J]. 2012, 7 (8)：101-106.

[12] ANDERSON H E. Forest fuel ignitibility [J]. Fire Technology, 1970, 6 (4)：312-319.

[13] 张正祥. 基于地理信息系统和遥感的草地火状况研究 [D]. 长春：东北师范大学，2010.

[14] BABRAUSKAS V. Development of the cone calorimeter, a bench scale heat release rate apparatus based on oxygen consumption [J]. Nasa Sti/recon Technical Report, 1984, 83 (2)：81-95.

[15] 刘波，余树全，周国模，等. 利用锥形量热仪测试木荷燃烧性能的方法探讨 [J]. 浙江农林大学学报，2008, 25 (1)：69-71.

[16] ENCINAS L H, WHITE S H, REY A M D, et al. Modelling forest fire spread using hexagonal cellular automata [J]. Applied Mathematical Modelling, 2007, 31 (6)：1213-1227.

[17] 彭徐剑，鞠琳，胡海清. 黑龙江省4种针叶树的燃烧性 [J]. 东北林业大学学报，2014 (1)：71-75.

[18] 田晓瑞，舒立福，王明玉. 1991—2000年中国森林火灾直接释放碳量估算 [J]. 火灾科学，2003, 12 (1)：6-10.

[19] 周国模，周宇峰，余树全，等. 利用锥形量热仪研究不同含水率的树种枯落物燃烧性 [J]. 林业科学，2008 (5)：96-101.

[20] 沈垭琢，杨雨春，张忠辉，等. 吉林省主要森林可燃物点燃含水率及其失水特性 [J]. 北华大学学报（自然科学版），2010，11（6）：559-562.

[21] 单延龙，刘宝东. 利用 GIS 划分黑龙江省森林可燃物类型区 [J]. Journal of Forestry Research，2002，13（1）：61-66.

[22] 江津凡，万福绪，孙祥. 苏北防火林带 8 种主要树种抗火能力的分析 [J]. 南京林业大学学报（自然科学版），2012，36（2）：151-154.

[23] 胡海清，鞠琳. 小兴安岭 8 个阔叶树种的燃烧性能 [J]. 林业科学，2008，44（5）：90-95.

[24] 彭东琴，伊力塔，余树全，等. 杨梅等 6 种常见经济树种的燃烧特性研究 [J]. 浙江林业科技，2012，32（3）：21-25.

[25] 沈露，伊力塔，余树全，等. 浙江省 4 种常绿阔叶树种枯落物的燃烧特性比较 [J]. 林业资源管理，2012（3）：107-112.

[26] 许民，王清文，李坚. 锥形量热仪法在木材阻燃性能测试中的应用——FRW 阻燃落叶松木材阻燃性能分析 [J]. 东北林业大学学报，2001，29（3）：17-20.

[27] 周道玮，郭平. 松嫩草原火干扰状况研究 [J]. 草业学报，1998，3：8-13.

[28] 周道玮，张正祥，靳英华，等. 东北植被区划及其分布格局 [J]. 植物生态学报，2010，34（12）：1359-1368.

[29] 翟鹏程. 基于遥感的植被生物量估算及其承载力评价 [D]. 唐山：华北理工大学，2017.

[30] HASITUYA, BAO Y, LAI Q, et al. Spatial and temporal

variation of biomass carbon stocks in Xilingol grassland [C] //Proceedings of the International Conference on Mechatronic Sciences, 2014.

[31] FANG J Y, WANG G G, LIU G H, et al. Forest Biomass of China: An Estimate Based on the Biomass−Volume Relationship [J]. Ecological Applications, 1998, 8 (4): 1084−1091.

[32] MYNENI R B, DONG J, TUCKER C J, et al. A large carbon sink in the woody biomass of Northern forests [J]. Proceedings of the National Academy of Sciences of the United States of America, 2001, 98 (26): 14784−14789.

[33] TUCKER C J. Red and photographic infrared linear combinations for monitoring vegetation [J]. Remote Sensing of Environment, 1979, 8 (2): 127−150.

[34] ULLAHA, SALEEMD, YALI S I, et al. Estimation of grassland biomass and nitrogen using MERIS data [J]. International Journal of Applied Earth Observations & Geoinformation, 2012, 19 (1): 196−204.

[35] TAYLOR B F, DINI P W, KIDSON J W. Determination of seasonal and interannual variation in New Zealand pasture growth from NOAA−7 data [J]. Remote Sensing of Environment, 1985, 18 (2): 177−192.

[36] REEVES M C, ZHAO M, RUNNING S W. Applying Improved Estimates of MODIS Productivity to Characterize Grassland Vegetation Dynamics [J]. Rangeland Ecology & Management, 2006, 59 (1): 1−10.

[37] BLACKARD J A, FINCO M V, HELMER E H, et

al. Mapping U. S. forest biomass using nationwide forest inventory data and moderate resolution information [J]. Remote Sensing of Environment, 2008, 112 (4): 1658-1677.

[38] XU D, GUO X, LI Z, et al. Measuring the dead component of mixed grassland with Landsat imagery [J]. Remote Sensing of Environment, 2014, 142 (3): 33-43.

[39] GARROUTTE E L, HANSEN A J, LAWRENCE R L. Using NDVI and EVI to map spatiotemporal variation in the biomass and quality of forage for migratory elk in the greater yellowstone ecosystem [J]. Remote Sensing, 2016, 8 (5): 404.

[40] 杨亚飞. 基于"3S"技术的西藏疯草管理系统研究 [D]. 郑州: 河南农业大学, 2013.

[41] 牛志春, 倪绍祥. 青海湖环湖地区草地植被生物量遥感监测模型 [J]. 地理学报, 2003, 58 (5): 695-702.

[42] 韩波, 高艳妮, 郭杨, 等. 三江源区高寒草地地上生物量遥感反演模型研究 [J]. 环境科学研究, 2017, 30 (1): 67-74.

[43] 除多, 德吉央宗, 普布次仁, 等. 藏北草地地上生物量及遥感监测模型研究 [J]. 自然资源学报, 2013, 11: 2000-2011.

[44] 孙斌, 王炳煜, 冯今, 等. 甘肃省草原产草量动态监测模型 [J]. 草业科学, 2015, 32 (12): 1988-1996.

[45] 王静, 郭铌, 王振国, 等. 甘南草地地上部生物量遥感监测模型 [J]. 干旱气象, 2010, 28 (2):

128-133.

[46] 张旭琛，朱华忠，钟华平. 新疆伊犁地区草地植被地上生物量遥感反演 [J]. 草业学报，2015，24（6）：25-34.

[47] 侯学会，牛铮，黄妮，等. 小麦生物量和真实叶面积指数的高光谱遥感估算模型 [J]. 国土资源遥感，2012，24（4）：30-35.

[48] 魏书精. 黑龙江省温带森林火灾碳排放的计量估算 [J]. 生态学报，2014，34（11）：3048-63.

[49] 周定国，梅长彤. 面向 21 世纪的农作物秸秆材料工业 [J]. 南京林业大学学报（自然科学版），2000，24（5）：1-4.

[50] 赖力. 中国土地利用的碳排放效应研究 [D]. 南京：南京大学，2010.

[51] SEILER W, CRUTZEN P J. Estimates of gross and net fluxes of carbon between the biosphere and the atmosphere from biomass burning [J]. Climatic Change, 1980, 2 (3): 207-247.

[52] 吴沁淳，陈方，王长林，等. 自然火灾碳排放估算模型参数的遥感反演进展 [J]. 遥感学报，2016，20（1）：11-26.

[53] PAGE S E, FLORIAN S, RIELEY J O, et al. The amount of carbon released from peat and forest fires in Indonesia during 1997 [J]. Nature, 2002, 420 (6911): 61-65.

[54] XU W, WAN S. Water- and plant-mediated responses of soil respiration to topography, fire, and nitrogen fertilization in a semiarid grassland in northern China

[J]. Soil Biology & Biochemistry, 2008, 40 (3): 679-687.

[55] 裴志永, 欧阳华, 周才平. 青藏高原高寒草原碳排放及其迁移过程研究 [J]. 生态学报, 2003, 23 (2): 231-236.

[56] ZHANG J X, CAO G M, ZHOU D W, et al. Carbon dioxide emission of Mat cryo-sod soil in the Haibei alpine meadow ecosystem [J]. Acta Ecologica Sinica, 2001, 38 (1): 32-40.

[57] KEITH H, JACOBSEN K L, RAISON R J. Effects of soil phosphorus availability, temperature and moisture on soil respiration in Eucalyptus pauciflora forest [J]. Plant & Soil, 1997, 190 (1): 127-141.

[58] LASHOF D A, AHUJA D R. Relative contributions of greenhouse gas emissions to global warming [J]. Nature, 1990, 344 (6266): 529-531.

[59] DOUVILLE H, CHAUVIN F, PLANTON S, et al. Sensitivity of the hydrological cycle to increasing amounts of greenhouse gases and aerosols [J]. Climate Dynamics, 2002, 20 (1): 45-68.

[60] 周道玮, 张智山. 草地火燃烧、火行为和火气候 [J]. 中国草地学报, 1996 (3): 74-77.

[61] 胡海清, 魏书精. 气候变化、火干扰与生态系统碳循环 [J]. 干旱区地理, 2013, 36 (1): 57-75.

[62] LAL R. World cropland soils as a source or sink for atmospheric carbon [J]. Advances in Agronomy, 2001, 71: 109-112.

[63] 戴尔阜, 翟瑞雪, 葛全胜, 等. 1980s—2010s 内蒙古

草地表层土壤有机碳储量及其变化 [J]. 地理学报，2014, 69 (11)：1651-1660.

[64] Yan H, Liang C Z, Li Z Y, et al. Impact of precipitation patterns on biomass and species richness of annuals in a dry steppe [J]. Plos One, 2015, 10 (4)：e0125300.

[65] BAI Y F, ZHI X U, XIN L I. On the Small Scale Spatial Heterogeneity of Soil Moisture, Carbon and Nitrogen in Stipa Communities of the Inner Mongolia Plateau [J]. Acta Ecologica Sinica, 2002, 22 (8)：1215-1223.

[66] MI N, SHAO Q, LIU J, YU G, et al. Soil inorganic carbon storage pattern in China [J]. Global Change Biology, 2010, 14 (10)：2380-2387.

[67] YONG F B, JIAN G W, QI X, et al. Primary production and rain use efficiency across a precipitation gradient on the Mongolia Plateau [J]. Ecology, 2008, 89 (8)：2140-2153.

[68] 舒娱琴. 中国能源消费碳排放的时空特征 [J]. 生态学报，2012, 32 (16)：4950-4960.

[69] 温克刚. 加大开发利用新能源和可再生能源的政策支持力度 [J]. 中国青年科技，2005 (3)：28-29.

[70] 丽娜. 基于多源遥感数据的中蒙边境地区草原火实时监测 [D]. 呼和浩特：内蒙古师范大学，2017.

[71] 胡海清. 森林火灾碳排放计量模型研究进展 [J]. 应用生态学报，2012, 23 (5)：1423-1434.

[72] 陈鹏宇. 蒙古森林草原火灾状况及林火管理 [J]. 世界林业研究，2014, 27 (2)：66-69.

[73] 舒立福, 张小罗, 戴兴安, 等. 林火研究综述 (Ⅱ) ——林火预测预报 [J]. 世界林业研究, 2003, 16 (4): 34-37.

[74] BYRAM G M, FONS W L, BYRAM G M, et al. Thermal properties of forest fuels [J]. 1952, 34: 208-218.

[75] LINN R R, CUNNINGHAM P. Numerical simulations of grass fires using a coupled atmosphere-fire model: basic fire behavior and dependence on wind speed [J]. Journal of Geophysical Research Atmospheres, 2005, 110 (D13): 315-320.

[76] 李海洋, 胡海清, 孙龙. 我国森林死可燃物含水率与气象和土壤因子关系模型研究 [J]. 森林工程, 2016, 32 (3): 1-6.

[77] STLC, 王正非. 加拿大森林火险级系统概述 [J]. 林业科技, 1990 (3): 27-30.

[78] 赵璠, 舒立福, 周汝良, 等. 林火行为蔓延模型研究进展 [J]. 世界林业研究, 2017, 30 (2): 46-50.

[79] ROTHERMEL R C, HARTFORD R A, CHASE C H. Fire growth maps for the 1988 greater yellowstone area fires [J]. Research, 1994, 5: 201-209.

[80] ANDERSON G J, BLUNDELL R W. Estimation and Hypothesis Testing in Dynamic Singular Equation Systems [J]. Econometrica, 1982, 50 (6): 1559-1571.

[81] BUCHANAN I M, TAMALEE S, TANDLE A T, et al. Radiosensitization of glioma cells by modulation of Met signalling with the hepatocyte growth factor neutralizing antibody, AMG102 [J]. Journal of Cellular

& Molecular Medicine, 2011, 15 (9): 1999-2006.

[82] ANDREWS P L, CRUZ M G, ROTHERMEL R C. Examination of the wind speed limit function in the Rothermel surface fire spread model [J]. International Journal of Wildland Fire, 2013, 22 (7): 959-969.

[83] RAWLINGS D J. Stratigraphic resolution of a multiphase intracratonic basin system: The McArthur Basin, northern Australia [J]. Journal of the Geological Society of Australia, 1999, 46 (5): 703-723.

[84] 王正非. 山火初始蔓延速度测算法 [J]. 山地学报, 1983 (2): 44-53.

[85] 苗双喜, 黄杨, 张波, 等. 基于 Rothermel 模型的森林火灾模拟算法的改进 [J]. 地理信息世界, 2012, 10 (6): 14-21.

[86] VALBANO E. Spreading analysis and finite-size scaling study of the critical behavior of a forest fire model with immune trees [J]. Physica A Statistical Mechanics & Its Applications, 1995, 216 (3): 213-226.

[87] 王长缨, 周明全, 张思玉. 基于规则学习的林火蔓延元胞自动机模型 [J]. 森林与环境学报, 2006, 26 (3): 229-234.

[88] 沈敬伟, 温永宁, 周廷刚, 等. 基于元胞自动机的林火蔓延时空演变研究 [J]. 西南大学学报 (自然科学版), 2013, 35 (8): 116-121.

[89] 黄华国. 基于3D元胞自动机模型的林火蔓延模拟研究 [D]. 北京: 北京林业大学, 2004.

[90] 王海晖, 朱霁平, 张军华, 等. 森林地表火蔓延边界预测预报图形显示系统 [J]. 中国安全科学学报,

1995（2）：254-259.

[91] 张显峰，崔伟宏. 集成 GIS 和元胞自动机模型进行地理时空过程模拟与预测的新方法 [J]. 测绘学报，2001，30（2）：148-155.

[92] 竺莹，童頫，唐毅. 人工神经网络并行处理的实现模型 [J]. 计算机科学，1999，26（1）：50-52.

[93] 张显峰，崔伟宏. 基于 GIS 和 CA 模型的时空建模方法研究 [J]. 中国图像图形学报，2000，5（12）：1012-1018.

[94] 杨佳. 基于 CA-Markov-Ann 的昆明市土地利用格局模拟及预测研究 [D]. 昆明：云南财经大学，2018.

[95] 张应乾，罗传文. 基于 GIS 模型的林火蔓延计算机模拟 [J]. 森林工程，2013，29（3）：13-17.

[96] 胡海清，魏书精，魏书威，等. 气候变暖背景下火干扰对森林生态系统碳循环的影响 [J]. 灾害学，2012，27（4）：37-41.

[97] 马利. 基于数据挖掘的聚类分析和传统聚类分析的对比研究 [J]. 数理医药学杂志，2008，21（5）：530-531.

[98] 胡全. 基于 GIS 的森林火场模拟关键技术研究 [D]. 哈尔滨：东北林业大学，2014.

[99] 银晓瑞，朱振华，李丹，等. 浑善达克沙地药用种子植物区系分析 [J]. 内蒙古林业科技，2007，33（2）：28-31.

[100] 葛云辉. 内蒙古草地及荒漠植物花粉形态数据库的建立 [D]. 呼和浩特：内蒙古农业大学，2007.

[101] 乔志. 绕城高速公路景观模式研究 [D]. 西安：长安大学，2009.

[102] 胡文. 内蒙古地区基于云参数背景场的 MODIS 旱情监测模型研究与应用 [D]. 呼和浩特：内蒙古农业大学，2016.

[103] 孙贵军. 我国水资源现状及水土保持对策 [J]. 现代农业科技，2011 (3)：324-325.

[104] 玉梅，田桐羽，都来. 基于生态足迹的内蒙古自治区可持续发展动态分析 [J]. 当代经济，2018 (3)：61-63.

[105] 贾旭，高永，魏宝成，等. 基于 MODIS 数据的内蒙古地形因子对火灾分布的影响分析 [J]. 北京林业大学学报，2017，39 (5)：34-40.

[106] 尤慧，刘荣高，祝善友，等. 加拿大北方森林火烧迹地遥感分析 [J]. 地球信息科学学报，2013，15 (4)：597-603.

[107] 陈洁，郑伟，刘诚. Himawari-8 静止气象卫星草原火监测分析 [C] //第 34 届中国气象学会年会 S21 新一代静止气象卫星应用论文集，2017.

[108] 李亚君，郑伟，陈洁，等. 气象卫星遥感火情监测应用 [J]. 上海航天，2017，34 (4)：62-72.

[109] 张志军. 氧浓度对阻燃纤维素燃烧特性的影响 [D]. 哈尔滨：东北林业大学，2007.

[110] 张阳，代培刚，陈英杰，等. 基于锥形量热仪实验的典型聚合物材料燃烧性能研究 [J]. 广东化工，2015，42 (7)：53-54.

[111] 黄诗晓. 福州国家森林公园几种植被燃烧性研究 [D]. 福州：福建农林大学，2013.

[112] 马志飞，李在军，张雅倩，等. 基于地理加权主成分的经济发展综合评价研究——以江苏省为例

[J]. 华中师范大学学报（自然科学版），2016，50
（2）：276-281.

[113] 陈帅. 植物燃烧碳排放因子及其与林火行为的关系
[D]. 合肥：中国科学技术大学，2017.

[114] ANA C, JORDI D, DAMIà B, et al. Climatic and bi-
ogeochemical controls on the remobilization and
reservoirs of persistent organic pollutants in Antarctica
[J]. EnvironmentalScience & Technology, 2013, 47
（9）：4299-4306.

[115] RODHE H, 吴维满. 对全球环境酸化问题的展望
[J]. 世界环境，1990（3）：21-24.

[116] CHEN D Y, TIAN X P, SHEN Y T, et al. On Visual
Similarity Based 3D Model Retrieval [J]. Computer
Graphics Forum, 2010, 22（3）：223-232.

[117] HAI Q. Automatic generation of 2D micromechanical fi-
nite element model of silicon - carbide/aluminum met-
al matrix composites：Effects of the boundary conditions
[J]. Materials & Design, 2013, 44（Complete）：
446-453.

[118] AMIRO B D, TODD J B, WOTTON B M, et al. Di-
rect carbon emissions from Canadian forest fires, 1959-
1999 [J]. Canadian Journal of Forest Research,
2001, 31（3）：512-525.

[119] 胡海清，张富山，魏书精，等. 火干扰对土壤呼吸
的影响及测定方法研究进展 [J]. 森林工程，2013，
29（1）：1-8.

[120] 李坚，夏梓洪，吴亭亭，等. 二次风喷嘴角度对炉
排式垃圾焚烧炉内燃烧及选择性非催化还原脱硝的

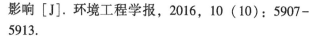

影响 [J]. 环境工程学报, 2016, 10 (10): 5907-5913.

[121] CONARD S G, SOLOMON A M. Chapter 5 effects of wildland fire on regional and global carbon stocks in a changing environment [J]. Developments in Environmental Science, 2008, 8: 109-138.

[122] TETT S F B, STOTT P A, ALLEN M R, et al. Causes of twentieth - century temperature change near the Earth's surface [J]. Nature, 1999, 399 (6736): 569-572.

[123] LANGMANN B, TEXTOR D C, TRENTMANN J, et al. Vegetation fire emissions and their impact on air pollution and climate [J]. Atmospheric Environment, 2009, 43 (1): 107-116.

[124] LAMBIN E F, GOYVAERTS K, PETIT C. Remotely - sensed indicators of burning efficiency of savannah and forest fires [J]. International Journal of Remote Sensing, 2003, 24 (15): 3105-3118.

[125] 陈庆美, 王绍强, 于贵瑞. 内蒙古自治区土壤有机碳、氮蓄积量的空间特征 [J]. 应用生态学报, 2003, 14 (5): 699-704.

[126] 胡海清, 魏书精. 1953—2011 年小兴安岭森林火灾含碳气体排放的估算 [J]. 应用生态学报, 2013, 24 (11): 3065-3076.

[127] HANTSON S, LASSLOP G, KLOSTER S, et al. Anthropogenic effects on global mean fire size [J]. International Journal of Wildland Fire, 2015, 24 (5): 589-596.

[128] 刘晓东，王博. 森林燃烧主要排放物研究进展 [J]. 北京林业大学学报，2017，39 (12)：118-124.

[129] 盛世杰. 基于 MODIS 数据的 Metric 构建及加拿大马尼托巴州森林火烧迹地检测 [D]. 南京：南京信息工程大学，2014.

[130] 刘世阳. 基于时间序列遥感数据的森林火烧迹地提取 [D]. 北京：中国科学院研究生院，2012.

[131] GAO Z，CAO X，GAO W. The spatio-temporal responses of the carbon cycle to climate and land use/land cover changes between 1981 - 2000 in China [J]. Frontiers of Earth Science，2013，7 (1)：92-102.

[132] 陆昕，孙龙，胡海清. 森林土壤活性有机碳影响因素 [J]. 森林工程，2013，29 (1)：9-14.

[133] 吕爱锋，田汉勤，刘永强. 火干扰与生态系统的碳循环 [J]. 生态学报，2005，25 (10)：2734-2743.

[134] HAI-QING H U，LUO B Z，WEI S J，et al. Estimation of carbonaceous gases emission from forest fires in Xiao Xing'an Mountains of Northeast China in 1953-2011 [J]. Chinese Journal of Applied Ecology，2013，24 (11)：3065-3076.

[135] PINNO B D，ERRINGTON R C，DAN K T. Young jack pine and high severity fire combine to create potentially expansive areas of understocked forest [J]. Forest Ecology & Management，2013，310 (1)：517-522.

[136] MCGUIRE A D. Environmental variation，vegetation distribution，and carbon dynamics in high latitudes

[C] //Proceedings of the Agu Fall Meeting, 2001.

[137] 唐荣逸. 云南松林可燃物载量的遥感估测研究 [D]. 昆明：西南林学院, 2007.

[138] 舒立福, 王明玉, 田晓瑞, 等. 关于森林燃烧火行为特征参数的计算与表述 [J]. 林业科学, 2004, 40 (3): 179-183.

[139] 张贵. 广州市林火动态监测研究 [D]. 长沙：中南林学院, 2004.

[140] 梁娱涵. 应用 Rothermel 模型的林火蔓延可视化研究 [D]. 长沙：中南林业科技大学, 2009.

[141] 张菲菲. 基于地理元胞自动机的林火蔓延模型与模拟研究 [D]. 汕头：汕头大学, 2011.

[142] 陈劭. 林火扑救优效组合技术研究 [D]. 北京：北京林业大学, 2008.

[143] 白尚斌. 基于多智能体理论的林火蔓延模拟 [D]. 北京：北京林业大学, 2008.

[144] 苏柱金. 结合 Huygens 原理的 GIS 山火蔓延模拟系统 [D]. 汕头：汕头大学, 2008.

[145] 唐晓燕, 孟宪宇, 易浩若. 林火蔓延模型及蔓延模拟的研究进展 [J]. 北京林业大学学报, 2002, 24 (1): 87-91.

[146] 毛贤敏, 徐文兴. 林火蔓延速度计算方法的研究 [J]. 气象与环境学报, 1991, 7 (1): 9-13.

[147] 杨广斌. 动态数据驱动的林火蔓延模拟系统关键技术研究 [D]. 北京：中国林业科学研究院, 2008.

[148] 毛贤敏. 风和地形对林火蔓延速度的作用 [J]. 应用气象学报, 1993, 4 (1): 100-104.

[149] 田勇臣. 森林火灾扑救智能决策支持系统研究

［D］. 北京：北京林业大学，2008.

［150］ 张超. WebGIS 技术在林火蔓延及辅助决策中的应用［D］. 哈尔滨：东北林业大学，2008.

［151］ 王学良，王阿川. WebGIS 的森林防火系统的研究与实现［J］. 林业劳动安全，2009，22（2）：22-27.

［152］ 牛丽红. 拓扑地形上的林火蔓延模拟［D］. 长沙：中南林业科技大学，2012.

［153］ WICHMAN I S. A model describing the influences of finite-rate gas-phase chemistry on rates of flame spread over solid combustibles［J］. Combustion Science & Technology，1984，40（5-6）：233-255.

［154］ 王秋华，肖慧娟，李世友，等. 基于 BehavePlus 的昆明西山国家森林公园潜在火行为研究［J］. 浙江林业科技，2013，33（4）：43-48.

［155］ 郭平. 草地火行为研究［J］. 应用生态学报，2001，12（5）：746-748.

［156］ 孙武，牛树奎，赵蓓，等. 大岗山地区主要林型可燃物调查与林火行为［J］. 江西农业大学学报，2012，34（6）：1171-1179.

［157］ 邓欧. 黑龙江省森林火灾时空模型与火险区划［D］. 北京：北京林业大学，2012.

［158］ 周建国. 基于 RS 和 GIS 的森林火险等级预报研究［D］. 长沙：中南大学，2009.

［159］ 周宇飞. 动态数据驱动林火蔓延自适应模拟技术研究［D］. 北京：中国林业科学研究院，2010.

［160］ 朱吕通. 热风压、火风压、烟囱效应和风对建筑火灾蔓延的影响［J］. 消防技术与产品信息，1994（4）：3-6.

［161］ 武金模. 外界风和坡度条件下地表火蔓延的实验和模型研究［D］. 合肥：中国科学技术大学，2014.

［162］ 郑忠. 林火风险、过程与评估遥感模型与方法研究［J］. 测绘学报，2019，48（1）：133.

［163］ 王海军，张文婷，陈莹莹，等. 利用元胞自动机作用域构建林火蔓延模型［J］. 武汉大学学报（信息科学版），2011，36（5）：575-578.

［164］ 冯永玖，韩震. 元胞邻域对空间直观模拟结果的影响［J］. 地理研究，2011，30（6）：1055-1065.

［165］ 汪东川，张利辉. 轨迹分析与元胞自动机在土地利用动态模拟中的应用［J］. 天津城建大学学报，2011，17（2）：135-139.